陈亚男 / 译

The Water Security Division
of the Office of Ground Water and
Drinking Water of the EPA

水环境质量监控与处置系统中的水源水质在线监测技术

Online Source Water Quality Monitoring For Water Quality Surveillance and Response Systems

Water

Monitoring

Systems

中国环境出版集团

图书在版编目（CIP）数据

水环境质量监控与处置系统中的水源水质在线监测技术/陈亚男译. —哈尔滨：哈尔滨出版社；—北京：中国环境出版集团，2022.12
ISBN 978-7-5484-7055-7

Ⅰ. ①水… Ⅱ. ①陈… Ⅲ. ①水质监测—在线监测系统—研究 Ⅳ. ①X832

中国国家版本馆 CIP 数据核字（2023）第 011533 号

书　　名：水环境质量监控与处置系统中的水源水质在线监测技术
SHUIHUANJING ZHILIANG JIANKONG YU CHUZHI XITONG ZHONG DE SHUIYUAN SHUIZHI ZAIXIAN JIANCE JISHU

作　　者：陈亚男　译
责任编辑：韩金华
封面设计：彭　杉

出版发行：哈尔滨出版社（Harbin Publishing House）
中国环境出版集团
社　　址：哈尔滨市香坊区泰山路 82-9 号　**邮编：**150090
北京市东城区广渠门内大街 16 号　**邮编：**100062
经　　销：全国新华书店
印　　刷：北京鑫益晖印刷有限公司
网　　址：www.hrbcbs.com　www.cesp.com.cn
E-mail：hrbcbs@yeah.net
编辑版权热线：（0451）87900271　87900272
销售热线：（010）67125803，（010）67113405（传真）

开　　本：787mm×1092mm　1/16　**印张：**7.5　**字数：**140 千字
版　　次：2022 年 12 月第 1 版
印　　次：2022 年 12 月第 1 次印刷
书　　号：ISBN 978-7-5484-7055-7
定　　价：50.00 元

免责声明

美国国家环境保护局地表水和饮用水办公室的水安全部门已经审查并批准了本文件的发布。本文件对任何一方均无法律约束力。本文件中的信息仅作为建议或指导，并非作为某种要求。美国政府及其任何雇员、承包商或其雇员对任何第三方使用本文件中讨论的任何信息、产品或过程均不会作出任何明示或暗示的保证，也不承担任何法律责任或义务，更不代表任意第三方使用本文的信息、产品或过程一定不会形成侵权。在本文中提及品牌和产品并不代表对其背书或推荐。

版本历史:2019 年版本是该文档的第二次发布，最初发布于 2016 年 9 月。此版本更新了组件名称(“强化安全监控”改为“物理安全监控”,“后果处置”改为“水污染响应”,“水源水质监测”改为“在线水源水质监测”)，图 1.1 为更新版本，它反映了包括高级计量基础设施组件在内的组件名称的变化，对图形、目标功能、词汇表以及外部资源的链接进行了更新。

有关本文档的问题请联系 WQ_SRS@epa.gov 或以下联系方式:

Steve Allgeier
EPA Water Security Division
26 West Martin Luther King Drive
Mail Code 140
Cincinnati, OH 45268
(513) 569-7131
Allgeier.Steve@epa.gov

或

Matt Umberg
EPA Water Security Division
26 West Martin Luther King Drive
Mail Code 140
Cincinnati, OH 45268
(513) 569-7357
Umberg.Matt@epa.gov

鸣　谢

该文件由美国国家环境保护局水安全部门编制，美国国家环境保护局EP-C-15-012合同提供了额外支持。

以下人员对本文件的完成作出了贡献：

- □ Joel Allen，EPA，Office of Research and Development
- □ Steve Allgeier，EPA，Water Security Division
- □ Erin Cummings，Jacobs
- □ Jennifer Liggett，Jacobs
- □ Alan Lindquist，EPA，Office of Research and Development
- □ Christopher Macintosh，Jacobs
- □ Kenneth Thompson，Jacobs
- □ Matt Umberg，EPA，Water Security Division

以下人员对本文件进行了同行评审：

- □ Alison Aminto，Philadelphia Water Department
- □ Kelly Anderson，Philadelphia Water Department
- □ Kevin R. Gertig，City of Fort Collins Utilities
- □ Terra Haxton，EPA，National Homeland Security Research Center
- □ Richard Lieberman，EPA，Standards and Risk Management Division
- □ Kevin Linder，Aurora Water
- □ Howard Rubin，EPA，Drinking Water Protection Division
- □ Debabrata Sahoo，Woolpert Inc.
- □ Rick Scott，Seattle Public Utilities
- □ David Travers，EPA，Water Security Division
- □ Tom Waters，EPA，Standards and Risk Management Division

在此一并感谢！

缩写词

ADS	Anomaly Detection System 异常检测系统
ANSI	American National Standards Institute 美国国家标准协会
ASME-ITI	American Society of Mechanical Engineers Innovative Technologies Institute 美国机械工程师学会创新技术研究所
AWWA	American Water Works Association 美国水务协会
CERCLIS	Comprehensive Environmental Response，Compensation，and Liability Information System 综合环境响应、赔偿和责任信息系统
CIO	Chief Information Officer 首席信息官
CREAT	Climate Resilience Evaluation and Awareness Tool 气候恢复力评估和感知工具
DBP	Disinfection By-product 消毒副产物
DO	Dissolved Oxygen 溶解氧
DOC	Dissolved Organic Carbon 溶解有机碳
DWMAPS	Drinking Water Mapping Application to Protect Source Waters 饮用水测绘在保护水源中的应用
ECHO	Enforcement and Compliance History Online 执行与合规历史在线数据库
EPA	United States Environmental Protection Agency 美国国家环境保护局
ERP	Emergency Response Plan 应急响应计划
EWS	Early Warning System 早期预警系统
GAC	Granular Activated Carbon 颗粒活性炭
GIS	Geographic Information System 地理信息系统
HAB	Harmful Algal Bloom 有害藻华
HMI	Human Machine Interface 人机界面
IT	Information Technology 信息技术

LIMS	Laboratory Information Management System 实验室信息管理系统
NEMA	National Electrical Manufacturers Association 全国电器制造商协会
NH_3	Ammonia 氨
NH_4^+	Ammonium 铵
NO_3	Nitrate 硝酸盐
NO_2	Nitrite 亚硝酸盐
NPDES	National Pollutant Discharge Elimination System 国家排污消除系统
NTU	Nephelometric turbidity units 浊度的单位
NWIS	National Water Information System 国家水资源信息系统
ORP	Oxidation-Reduction Potential 氧化还原电位
OWQM	Online Water Quality Monitoring 在线水质监测
OWQM-SW	Online Water Quality Monitoring in Source Water 在线水源水质监测
PAC	Powdered Activated Carbon 粉状活性炭
PLC	Programmable Logic Controller 可编程序逻辑控制器
PWD	Philadelphia Water Department 费城水部门
RAIN	River Alert Information Network 河流警报信息网络
RCRAInfo	Resource Conservation and Recovery Act Information 资源保护和恢复法案信息
S&A	Sampling and Analysis 采样和分析
SCADA	Supervisory Control and Data Acquisition 监控与数据采集
SDWA	Safe Water Drinking Act 《安全饮水法》
SRBC	Susquehanna River Basin Commission 萨斯奎哈纳河流域委员会
SRS	Water Quality Surveillance and Response System 水质监察及响应系统
SW Threat	Source Water Threat 对源水的威胁
SWC	Source Water Collaborative 源水合作
TOC	Total Organic Carbon 总有机碳
TRI	Toxic Release Inventory 有毒释放清单
TSCA	Toxic Substances Control Act 《有毒物质控制法》
USGS	United States Geological Survey 美国地质勘探局
UV	Ultra-violet 紫外线
VSAT	Vulnerability Self-Assessment Tool 漏洞自我评估工具
WCR	Water Contamination Response 水污染响应
WVAW	West Virginia American Water 西弗吉尼亚美洲水务公司

目　录

第1章　介　绍

水源水是自然水资源（如含水层、湖泊、河流和小溪）中的饮用水来源。在线水源水质监测（OWQM-SW）在本书中被定义为使用在线水质仪器对水源水的水质进行实时测量。通过 OWQM-SW 获得的结果使水务公司能够更有效地处理水源水，及时发现水质重大变化，并采用适宜的处理措施保护饮用水水源。

OWQM-SW 可以作为一个独立的监测项目来实施，也可以纳入水质监管和响应系统（SRS）。SRS 是美国国家环境保护局（EPA）为了支持监测和管理从水源地到用户家庭的水质而开发的系统。该系统由一个或多个组件构成，为公共饮用水机构的运作提供信息支撑，以提高其快速检测和应对水质变化的能力。SRS 的概述可以在资料《SRS 入门》中找到。图 1-1 展示了将 OWQM-SW 整合进 SRS 中的方式。

SRS 的设计相对灵活，可以由图 1-1 所示的任何组件组合。但是，建议所有的 SRS 设计中至少应包含一个监测组件、采样与分析（S&A）组件及水污染响应（WCR）组件。采样与分析之所以重要，是因为 SRS 的监测组件，包括水质质量管理-水质监测，通常仅可以识别常规污染物；而采样与分析则可以识别或排除特定污染物或污染物类别。水污染响应则是与响应伙伴建立相应程序和合作关系，共同应对严重的水质问题，如污染事件。

本书将 OWQM-SW 视为 SRS 里在线水质监测（OWQM）组件的应用程序，允许使用 SRS 的许多组件来支持 OWQM-SM，如信息管理系统、可视化工具、采样与分析和污染事件响应计划。此外，还有大量的 SRS 指南可以指导 OWQM-SW 的设计。在书中相应的位置可以找到这些引用的资源。

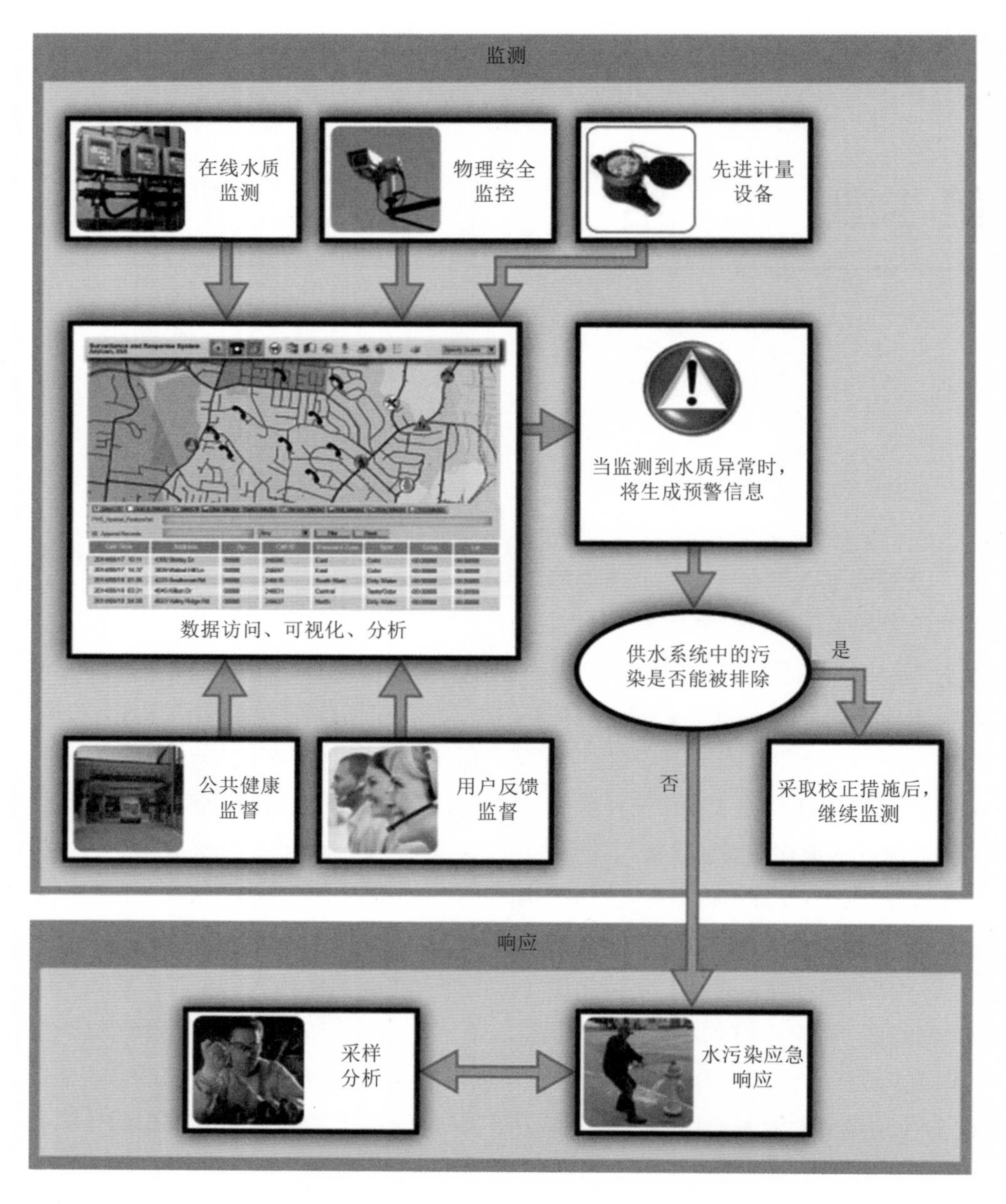

图 1-1　将 OWQM-SW 整合到 SRS 中

1.1 在线水源水质监测概述

水处理厂的设计和运行是为了处理水源水体中已知的污染物，使之符合饮用水标准，并满足客户期望。水质的意外变化或水源中异常污染物的存在，将对公共服务单位达成上述目标造成困扰。OWQM-SW 有助于提高公共服务公司发现水源水质变化的能力。

OWQM-SW 涉及对水源水或流域中各种水质参数的测量。

监测点位是指在水体中采集水样进行测量的地点。监测点位的选择取决于控制点，控制点是水样进行前处理（如添加前处理化学品）或采取响应措施（如关闭进水口）的位置。

在线水源水质监测的意义

- 提供信息，以保护公用供水
- 观察水源水质长期变化趋势，为应对未来挑战和服务管理做准备
- 检测并响应突发污染事件
- 优化处理工艺，提高成品水质，降低成本
- 为规范化管理提供信息支持
- 识别污染源以及污染责任人

监测站安装在监测点位或其附近，由在线水质参数监测仪器和通信系统组成，如水处理厂控制中心。

OWQM-SW 系统示意图如图 1-2 所示。

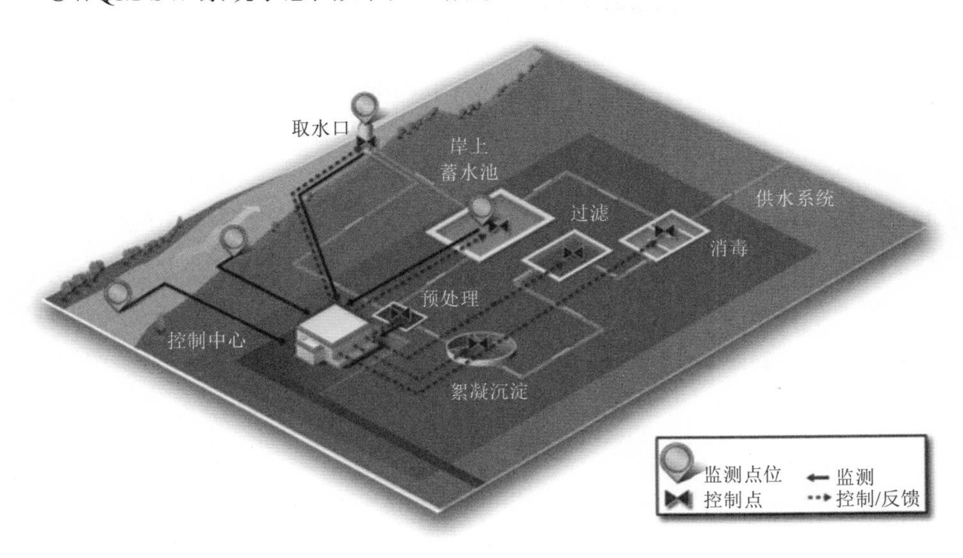

图 1-2 OWQM-SW 系统示意图

监测站安装的实际位置可能与监测点位不在一起。例如，水源可以从监测点位通过水泵输送到安装在另一地点的监测站。如图 1-3 所示，安装在监测点位的监测站（a）和安装在监测点位之外的监测站（b）。

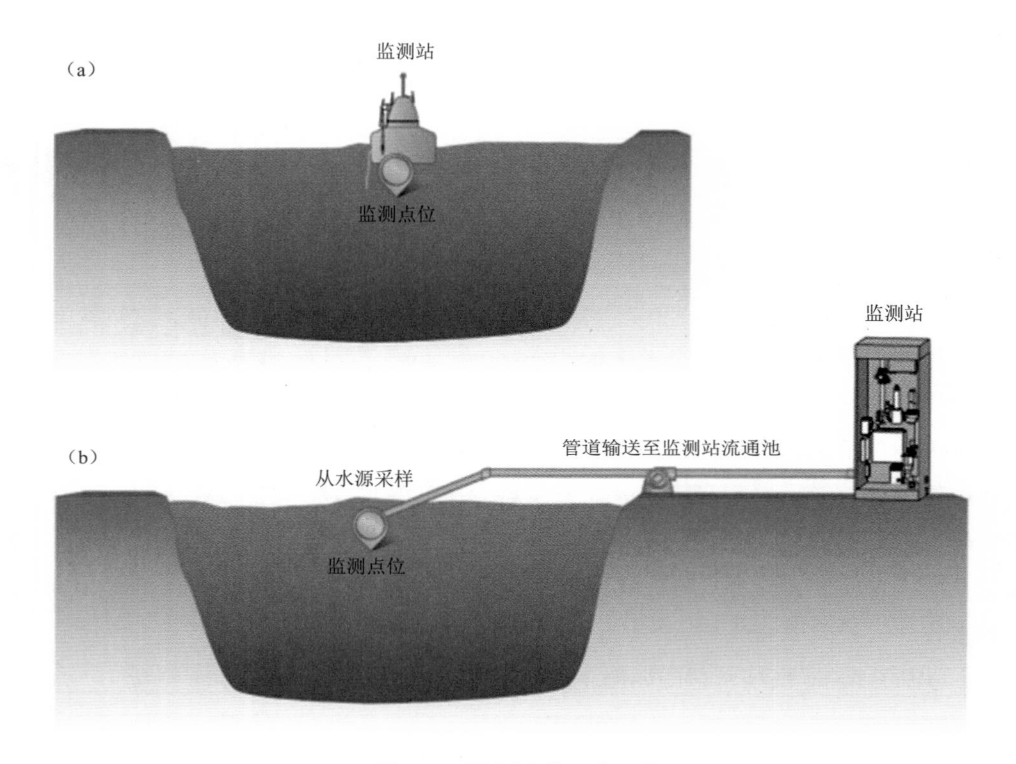

图 1-3　监测点位和监测站

OWQM-SW 系统的规模可以从监测单个水厂取水口的监测扩展到监测整个流域系统。后者通常涉及多个组织机构，以覆盖更大的区域，各组织机构分担安装、操作和维护系统所需的成本。流域规模的 OWQM-SW 系统优势包括能够实现广泛的地理覆盖，与任何单一组织相比能够开展更多点位的监测工作。但是，这类系统需要所有合作伙伴建立持续的合作关系并各司其职，如果其中有合作伙伴决定退出或终止，则可能会对整个系统的稳定运行造成影响。

1.2 目的、概述

本书提供了基于最佳实践和现有经验的 OWQM-SW 系统设计指南，重点阐述主要概念，展示相关示例，并介绍有关 OWQM-SW 相关的技术组成部分。

> **适用性的指导**
>
> 本书中介绍的方法可用于设计复杂程度不同的 OWQM-SW 系统——从在单个位置监测单个参数的简单系统到流域层面的多位置、多参数的监测系统。

本书主要适用于水务部门专业人士，对水源水质感兴趣的组织或个人也可能有帮助。其他利益相关方可能包括负责娱乐用水质量管理、从事水产养殖或其他商业活动、环境保护，以及那些关心自然资源质量的有关人士。

本书还包含以下主题内容：

①第 2 章描述了设计 OWQM-SW 系统的设计框架，介绍了 OWQM-SW 系统的三个高级设计目标，并提出了识别潜在水源风险和优先排序的机制。

②第 3 章提供关于选择监测点位的指导，以实现 OWQM-SW 系统的三个设计目标。

③第 4 章提供了选择水质参数的指导，以实现 OWQM-SW 系统的三大设计目标。

④第 5 章为 OWQM-SW 系统的监测设备选择和监测站点的设计提供了指导。

⑤第 6 章提供了信息管理系统和分析技术的开发的指导，以实现 OWQM-SW 系统的三大设计目标。

⑥第 7 章为制订调查方案和支持 OWQM-SW 系统的响应程序提供指导。

⑦第 8 章给出了前面章节中描述的 OWQM-SW 系统设计过程的一个示例。

⑧第 9 章介绍 OWQM-SW 系统案例研究，展示了不同的设计以及其实现方法。

⑨参考文献资料提供了本书中引用的文献、工具和其他相关资源，包括其摘要和链接。

⑩术语表提供了本书所使用术语的定义，在正文中首次使用时用粗体、斜体表现。

第 2 章　在线监测系统设计框架

OWQM-SW 系统的设计过程遵循项目管理和总体规划的原则，如《集成水质监测和响应系统开发指南》第二章和第三章所述（在本书中称为《SRS 集成指南》）。本章介绍建立 OWQM-SW 系统的框架，如图 2-1 所示。虽然它被描绘为一个线性过程，但在实践中它是迭代的。后续的决策或反馈可能需要对之前的相应步骤进行回顾性审视并加以改进。

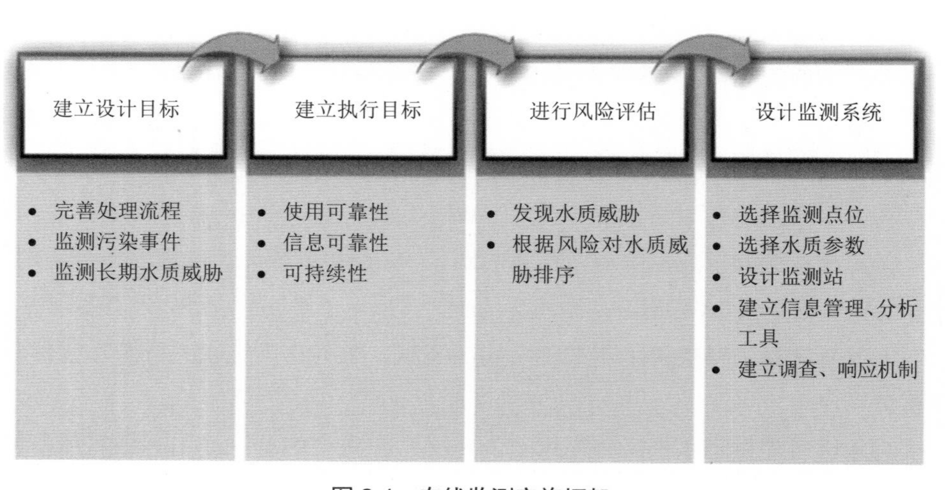

图 2-1　在线监测实施框架

2.1　确立设计目标

设计目标是水厂期望 OWQM-SW 系统实现的特定成果。确立设计目标对于 OWQM-SW 系统能否助力水厂发挥应有的作用至关重要。

OWQM-SW 系统的三个常见的高层设计目标是：①优化处理流程；②检测污染事件；③监测长期水质威胁。这些目标的设定依照其复杂性程度分别进行设计和研究，复杂性通常根据监测参数的数量、监测点位的数量和监测点位所覆盖的区域来决定。用于优化处理工艺设计的 OWQM-SW 系统是最简单的，因为它仅需要设置一个或几个与处理效果直接相关的特定参数及监测点位。用于检测污染事件的设计通常需要增加能够检测更大范围水质变化的上游监测点位和参数，以及更复杂的***数据分析***方法。监测水质长期威胁则需要更多的监测点位。

为了优化处理流程细化设计目标时要考虑的因素

- ✧ 水源利用的灵活性，如在取水口不同深度提取、岸上蓄水等。
- ✧ 通过调整处理过程中的控制点，应对不同水质状况。
- ✧ 限制不良水源水干扰处理过程的方案，如围栏、抽出处理技术、吸附屏障、导流等。

这些顶层的设计目标涵盖了大多数 OWQM-SW 系统的应用。然而，实施 OWQM-SW 的水厂应该首先确定 OWQM-SW 系统的总体目标，以及需要使用 OWQM-SW 数据支撑决策的内容。要以具体设计目标为导向，指导 OWQM-SW 系统的实施。

（1）优化处理流程

OWQM-SW 系统数据可通过监测能影响处理工艺性能的水质参数变化来优化处理过程，如 pH、浊度和总有机碳（TOC）。

使得 OWQM-SW 系统设计能够优化处理流程的方法包括：

①确定明确的处理目标。这一决定将指导如何选择监测参数。例如，颗粒物的去除、有机污染物的去除或藻类毒素的去除。

②确定符合目标的处理流程。这些信

为了发现污染事件在细化设计目标时要考虑的因素

- ✧ 对水源威胁的特性及其特征污染物。
- ✧ 发生污染水源自然事件的可能性，如野火、洪水和有害的藻华。
- ✧ 影响污染物转归和转移的水文参数。
- ✧ 现有处理工艺在处理或清除已知污染物方面的局限性。
- ✧ 应对各种类型污染事件的方案。

息将有助于根据 OWQM-SW 系统生成的结果对水厂中的控制点进行调整。例如，以下过程可以根据源水水质变化进行调整：粉状活性炭预处理、高锰酸钾预处理、混凝/沉淀、消毒。

③确定实施处理工艺变更所需的时间。此时间是指从确认水源水质发生变化到根据水质变化调整处理流程之间的时间。可用时间的长短将影响监测点位的选择和水质仪器监测数据所需的频率。

（2）检测污染事件

OWQM-SW 系统可用于检测可能干扰或逃避水处理的短时水源污染事件。这包括对污染事故（如水源附近化学品泄漏）、异常排放（如未经处理的污水排放）和自然事件污染（如季节性的藻华）的监控。

使得 OWQM-SW 系统设计能够监测污染事件的方法包括：

①确定 OWQM-SW 系统能够检测到的特定污染事件。应进行风险评估，制定有可能造成污染的高风险***水源威胁***（SW 威胁）清单。这将决定监测的参数和监测点位的选择。

②评估降低各种污染事件影响的应对方案。应考虑到响应措施在缓解污染方面的效力以及响应措施所需的成本。执行响应措施的成本将影响 OWQM-SW 系统生成信息所需的可靠性（如成本较高的响应措施通常要求可靠性较高的信息）。

③确定实施响应方案所需的时间。这是检测和调查水质变化并实施有效应对措施之间所需的时间。从发现到响应所需的时间将影响监测点位的选择以及生成和分析数据的必要频率。

（3）监测对长期水质的威胁

OWQM-SW 系统可用于监测水源威胁对水源水及周边流域长期水质的影响。OWQM-SW 系统提供必要的信息，用于评估水源是否适合作为饮用水水源，提供娱乐，并支持健康的生态系统。OWQM-SW 系统还可用于监测气候变化对水源水质的影响。

使得 OWQM-SW 系统设计能够支持对长期水资源威胁的监测的方法包括：

①确定影响长期水源水质的因素。该信息将决定所监测的参数和监测点位的选

为了监测长期水质威胁细化设计目标时要考虑的因素

- ✧ 水源状态（如温度、降水、流速等）的季节性变化。
- ✧ 水源威胁及其污染物的特征。
- ✧ 流域内土地利用情况。
- ✧ 预计气候变化对该地区的影响。
- ✧ 除饮用以外的水源利用。

择。可以进行风险评估对水源的长期威胁进行识别和排序。

②确定保护水源水质的各利益攸关方。与各利益攸关方协调将可以获得更多数据并发掘数据的更多用途。

③确定潜在的缓解策略。监测水源水质的长期变化趋势可以更好地了解水质的逐渐变化情况，更好地选择正确的策略以保持可接受的水源水质。

在 OWQM-SW 系统设计中需要考虑的另一个因素是：单个污染事件可以在不同时期以多种方式改变水源水质。例如，一场野火，在火灾之后出现的径流事件中，会产生大量的淤泥和灰烬。这一瞬时污染事件可能需要水厂实施特殊的短期处理流程变更。野火的长期影响可能包括后续长时间 TOC 负荷的增加，这需要持续地优化处理流程。最后，长期水源水质监测可以为利益攸关方提供用于评估流域恢复工作（如再播种）是否有效的信息。

2.2 建立性能目标

性能目标及其相关的指标是体现 OWQM-SW 系统是否满足水厂设计目标的量化指标。在 OWQM-SW 系统的整个设计、安装和操作过程中，水厂可以使用性能目标来确定系统是否在可接受的容差范围内运行。虽然每个水厂应根据其独特的设计目标制定各自具体的性能目标，但普遍的性能目标如下。

（1）运行可靠性

运行可靠性是指 OWQM-SW 系统能够达到既定设计目标的水平。它取决于对所需设备和信息管理系统的适当维护。运行可靠性应考虑的事项包括：监测站的维修可行性、***水质传感器***对水体的化学组分和特性（如浊度、pH）的适应性、环境对监测站的影响（如水源水温、湿度和环境温度），以及对负责 OWQM-SW 系统设备维护的人员进行充分的培训。用于评估运行可靠性的指标包括：

①OWQM-SW 系统完全运行的时间占比；

②修复设备的平均响应时间。

（2）信息的可靠性

信息可靠性是指监测站产生的信息的质量足以支撑决策。具体来说，水厂人员必须能够区分正常的水质变化和需要响应或调整处理流程的水质变化。信息可靠性需要考虑的因素包括每个监测点位水体的代表性、传感器与水化学的兼容性、传感器的能力（如检测限）、传感器的维护和数据分析方法。

信息可靠性可以通过***数据质量目标***来体现。数据质量目标是支撑决策数据的质量和数量指标或标准。OWQM-SW 系统需要考虑的数据质量目标包括：①数据的***准确性***；②数据的***完整性***；③每月***无效警报***次数。

建立数据质量目标是质量控制和质量保证的一个要素，对任何环境监测计划而言都是极其重要的。其他有关在线水质数据的质量保证信息内容，请参阅***质量保证（ACRR）表格***。

（3）可持续性

可持续性是指从 OWQM-SW 系统所产生的信息中获得的效益符合其安装、运行所需的成本。其效益在很大程度上取决于 OWQM-SW 系统数据所支持的设计目标。例如，由 OWQM-SW 系统的数据指引下的高效化学投放，可以减少每年化学品的使用量或污泥的产出量。还有其他难以量化的效益，例如水厂管理人员和经营者更有信心发现水源水质问题。这些效益虽然难以量化但仍应当引起足够重视，因为它们对衡量 OWQM-SW 系统的可持续性很重要。系统成本包括安装和运行设备系统所需的资金和持续支出，以及分析 OWQM-SW 系统数据和调查***警报***所需的投入。

可持续性的指标包括：

①由于处理流程的优化，成功应对污染事件并避免了不良后果；

②OWQM-SW 系统运营中所获得的非货币性的收益；

③安装和维护 OWQM-SW 系统的***生命周期成本***。

2.3 进行风险评估

风险评估是一个系统流程，用于分析和确定威胁程度的级别并排序，用于指导制定与实施风险缓解的策略。风险评估的结果可以指导 OWQM-SW 系统的设计，以确保由此建立的系统能够解决最严重的威胁。目前，在水务行业最被广泛接受与应用的风险评估方法是 J100 标准。

在本指南中，J100 标准将对水源威胁的三种风险评估参数进行赋值：

①“***可能性***”是指一个水源威胁导致水源污染的概率，范围从 0（不会发生污染）到 1（肯定会发生污染）。可能性的值

> **风险评估工具**
>
> 美国国家环境保护局制定了脆弱性自我评估工具（VSAT），以符合 J100 标准的方式用来指导水务公司通过风险评估过程。

可以基于往期水源威胁引起的污染事件或基于预测及模型而定。

②“***脆弱性***”是一个水厂或其客户受到水源威胁影响的概率，取值范围从 0（不会发生不利影响）到 1（不利影响肯定会发生）。脆弱性的值通常取决于水厂有效应对水源威胁、防止或减轻对水厂基础设施、运行以及用户造成不良影响的能力。

③“***后果***”是水厂或其客户因经历污染事件而带来的不利影响（如水厂基础设施受损或用户染疾）。在理想的情况下，“后果”可以用经济损失的形式体现，以衡量所有水源威胁的后果。然而，并不总是能准确地将后果货币化，可能还需要通过定性因素判断。在这种情况下，结果可以被归一化，后果最大的水源威胁的值为 100，而所有其他水源威胁的值都小于 100。

以上三个风险参数的值可以用来计算总体风险评分，风险计算方程如式（2-1）所示。

$$R = L \times V \times C \tag{2-1}$$

式中：R——对水厂或其客户构成特定威胁的风险；

L——特定威胁发生的可能性（分数范围：0～1）；

V——水厂面临特定威胁的脆弱性（分数范围：0～1）；

C——特定威胁的后果（分数范围：0～100）。

识别和描述潜在的水源威胁

进行风险评估，必须首先识别和描述水源威胁。水源威胁包括流域内任何设施、排放、土地使用、天气事件或其他可能降低水源水质并影响其预期用途的因素。水源威胁既可以是固定的，也可以是移动的。

固定的威胁存在于固定的、已知的地点，例如：

- 化学品储存设施（如石油和天然气储存设施）；
- 使用化学品的工业设施（如制革厂、汽车修理店、干洗店）；
- 农业设施（如集中的畜牧场、大面积施肥）；
- 城市区域（如有污染的地表径流）；
- 石油和天然气开采作业；
- 污水处理厂排放；
- 雨水排放口。

移动威胁构成了潜在污染物进入水源的一个可变动点，使其更难以监测。移动威胁的例子包括：

- 交通通道（如车辆交通、铁路运输）；
- 船舶（如驳船和其他船只）；
- 自然灾害（如野火、洪水、飓风、山体滑坡）。

可以使用多种方法来识别和描述水源威胁，这些方法如下所述。有关这些方法的其他信息，请参见参考资料部分。

- 州最高水源评估机构提供已知和潜在的水源威胁清单。这一信息可用于确定已知和潜在的污染源，并确定水源在面对这些威胁时的脆弱性。
- 保护水源饮用水测绘应用（DWMAPS）是美国国家环境保护局开发的一种基于地理信息系统（GIS）的工具，使用国家污染物排放消除系统（NPDES）等数据库的信息提供多层次的空间参考数据；执行与合规历史在线数据库（ECHO）；有毒物质排放清单（TRI）；环境综合整治与赔偿责任信息系统（CERCLIS）；资源保护和恢复法信息（RCRAInfo）；《有毒物质控制法》（TSCA）。DWMAPS 提供关于潜在水源威胁的信息，包括它们的位置和排放许可等详细信息。
- 土地利用地图通常由市、县或州建立和维护。这些地图可能有助于识别当前和未来的潜在水源威胁，如城市或商业扩张地区。

每个水源威胁都应尽可能充分地加以识别分析，并获得以下信息：

- 水源威胁相对水源的位置和距离；
- 水源威胁所在地房产或设施的所有者或经营商；
- 与水源威胁相关的潜在污染物（例如，现场储存的化学品，土地施用的杀虫剂或化肥）；
- 水源威胁潜在污染物的体积或质量，或水源威胁的排放速率，如排水口排放速率；
- 水源威胁潜在污染物的特性（如可溶性，毒性），化学品存储或使用位置等存储情况可以在安全数据表中查询；
- 在水源威胁造成的污染事件中，预计污染物在水源中扩散和稀释的速度（例如，水文模型模拟或示踪剂研究结果）；
- 现有的水源保护风险缓解策略（如泄漏检测、溢漏遏制、径流控制）。

这些信息可能不适用于所有类型的水源威胁，但应该尽可能完整地描述每个水源威胁的特征。详细描述水源威胁有助于评估风险，对监测参数和点位的选择以及计划如何应对污染也有帮助。

在流动水系统（如河流和小溪）和静止水系统（如池塘和湖泊）中识别水源威胁的过程是一样的。这一过程的某些方面也适用于地下水系统，地下水和地表水都面临一些类似的风险。掌握水源特征将有助于识别水源威胁，并为风险评估参数评分。

潜在水源威胁风险排序

风险评估需要提供水源威胁的风险优先级，以确保 OWQM-SW 的设计聚焦最高风险的水源威胁。因此，有必要以统一的标准为每个风险参数评分。如果几个水源威胁之间没有明显差异、导致不一样的可能性、脆弱性或后果，则应该为这些相似的水源威胁赋予相同或接近的风险参数值。

风险评估对于设计 OWQM-SW 系统来检测污染事件和监测对长期水质的威胁是有用的，因为它可以对需要监测的水源威胁进行优先排序。如果 OWQM-SW 系统想满足这两个设计目标，应优先考虑这两种水源威胁：①污染事件对水源水质造成严重影响；②对长期水质造成慢性危害。这一策略确保了 OWQM-SW 系统设计将优先考虑对水质影响的最大的短期风险和长期风险。风险评估一般不用于优化处理过程，因为其设计目标旨在通过调整处理过程来应对特定的水质变化以完成处理目标。

在为检测污染事件和监测长期水质威胁这两个设计目标进行风险评估时，为每个风险评估参数评分时所考虑的水源威胁的属性是不同的，如表 2-1 所示。

表 2-1　遵循设计目标的风险评估参数评分准则

风险评估参数	评分标准	
	检测污染事件（短期风险）	监测对长期水源水质的威胁（长期风险）
可能性	水源威胁造成水质短时内显著恶化的可能性。以往类似事件发生的频率可以用来估计可能性的分值。现有的缓解对策，如泄漏检测系统、二次围堵和泄漏响应计划，则可以降低这种可能性	水源威胁造成水质持续变化的概率（例如，超过一年）。水源威胁的特征，如排放速率或污染物负荷率，可以用来估计可能性的分值。现有的缓解对策，如径流控制系统，则可以降低这种可能性

风险评估参数	评分标准	
	检测污染事件（短期风险）	监测对长期水源水质的威胁（长期风险）
脆弱性	由水源威胁引起的污染事件对水厂或其客户产生不利影响的概率。可以参考水厂应对污染事件时避免不良后果的能力	由水源威胁引起的水质持续变化对水厂或其客户产生不利影响的可能性。水厂适应水质变化的能力可以用来评估其脆弱性分数
	对其脆弱性赋值。能够中和或去除污染物则可以减少脆弱性	建立水源保护计划应对长期威胁，则可以降低脆弱性
后果	由水源威胁引起的污染事件对水厂或其客户造成的损害或负面影响。潜在后果包括污水处理厂中断运行，饮用水外观恶化，或对客户的健康产生不利影响。后果评分可以通过估计受影响的客户数量、服务中断的时长或污染事件后恢复正常运行的成本来确定	长期水质变化对处理厂运行或成品水质的影响。潜在的后果包括无法完成处理目标、未能符合饮用水标准、客户无法接受的外观变化，水厂在应对水质变化时资源被分散。后果评分可以通过估计恶化的水质对水厂运行的影响得出

风险评估的结果被用来制定水源威胁（短期）的级别清单和威胁长期水质目标的（长期风险）的级别清单。这些清单用于识别 OWQM-SW 系统设计中关注的高风险威胁。同样重要的是，风险可能会随着时间的推移而变化，在识别出新的潜在水源威胁时，需要更新风险评估。

2.4 系统设计

图 2-2 总结了 OWQM-SW 系统的主要设计元素，并在本节中简要描述。每个设计元素将在第 3 至第 7 章中详细介绍。

图 2-2 在线监测系统的设计要点

（1）选择水源水质监测点

监测点位的选择应基于 OWQM-SW 系统的设计目标以及水源风险评估的结果。典型的监测点位包括水厂的原水取水口、河流、湖泊的不同位置和深度，以及流域内的重要战略点位。地下水水源的监测点位一般被限制在取水设施内（集中式地下水处理设施）、水井或监测井。本书并未介绍在含水层中选择监测井点位的方法。关于监测点选择的指导意见将在第 3 章中详细讨论。

（2）选择“水源水监测参数”

监测参数的选择是基于 OWQM-SW 系统的设计目标，以及水源水风险评估的结果而定。可以根据与特定水源威胁相关的污染物选择相应监测参数。监测的参数决定了可以监测到的水质变化、事件和趋势。在第 4 章中将详细讨论如何选择监测参数。

（3）设计水源监测站

根据 OWQM-SW 系统选择的点位和参数设计监测站。它包括选择特定的水质监测仪器和必要的辅助设备，使传感器与水样接触并传输数据。监测站的设计将极大地决定建设成本、运营成本、数据准确性和数据完整性。将在第 5 章详细讨论监测站的设计。

（4）建立信息管理和分析工具

信息管理系统接收、处理、分析、存储和展示由监测站产生的数据。信息管理系统也可以包含数据分析工具，当检测到水质异常时，该工具可生成警报并向指定人员发送通知。将在第 6 章中详细讨论信息管理和分析。

（5）制定调查和响应程序

一旦发现水质异常，应进行调查，以确定异常的原因，并采取正确的响应措施。应对水质异常的程序将取决于系统的设计目标。为了优化处理流程，响应程序将指导调整处理流程参数设置，以完成处理目标。为了检测污染事件，响应措施将致力于防止潜在污染进入处理厂或混入成品水。监测长期水质的调查活动需要对多年数据进行分析，以确定源水水质的基线是否正在改变。将在第 7 章详细讨论调查和响应程序。

OWQM-SW 可以分阶段实施，逐步拓展系统以满足多重设计目标。例如，最初阶段只在取水口设置一个单独的监测点位，以优化处理过程，然后在各阶段逐步完善监测污染事件和监测长期水质威胁的能力。后续阶段将在现有建设的基础上，添加功能以实现更多的目标。

如果在设计过程中出现了多种可选设计，则应该对可选方案进行评估，考虑每种方案的成本和收益。例如，一些备选方案可以在监测的参数数量和监测点数量之间进行权衡。每种选择将有不同的效果、成本、操作和所需维护。

水质监测和响应系统可选方案比较框架提供了一个用于比较备选方案性能和成本的系统性流程。

一旦 OWQM-SW 的设计元素已经确定，应该将它们记录在设计文件中。

如果 OWQM-SW 系统将成为 SRS 的一部分，则应将其纳入总体规划，如《发展综合水质监测和响应系统指南》第三章所述。SRS 的总体规划包括开发一个完整的 SRS 设计，该设计是基于可用资源分阶段实施的。

OWQM-SW 系统融资途径

实施 OWQM-SW 系统需要资金和人力。资助该项目的方法有多种，下面将介绍其中的一些方法。本清单不打算全面赘述，只介绍一些可能的资金来源。

现收现付制。通过现收现付的方法资助 OWQM-SW 系统涉及将实施成本纳入年度预算。可以通过分配现有的现金储备或发展新的收入来源来实现，如资本改善费用、提高财产税或利用部分水销售收入。这种资助机制在 OWQM-SW 系统的分阶段实施中表现得最好，在各阶段中，随着资金到位，系统的各个部分将逐步落实。

债券或贷款。通过债券或贷款为 OWQM-SW 系统融资会在项目开始时产生债务，这些债务通常会在 10 年或 20 年内偿还。债务可以通过发展新的收入来源进行偿还，如资本改善费用、增加财产税或部分水销售收入。使用债券或贷款为 OWQM-SW 系统融资，可以在项目开始时就能够大幅开支，加速设计和实施。

补助金/联邦贷款。通过拨款或联邦贷款（通常不高于市场利率）资助 OWQM-SW 系统需要向政府机构或其他组织申报。为提高获得资助的可能性，项目应符合补助金/联邦贷款申请中规定的所有要求。以下是 OWQM-SW 系统可以尝试申请拨款的机构：

- 美国垦务局。对于降低能源消耗、应对气候相关风险和支持可持续性的水系统，提供了大量的赠款资助机会。（http://watersmartapp.usbr.gov/ WaterSmart）
- 美国农业部。主要面向农业用水地区，可以提供与改善农业用户水质、供水相关的补助。至少 30%的水产量用于农业，才能有资格申请。（http://www.rd.usda.gov/）
- 美国饮用水循环基金。这类联邦贷款必须用于解决公共健康面临的严重风险，同时这些系统必须符合《安全饮用水法》（*Safe Drinking Water Act*），用

于完善供水系统或更换老旧基础设施。（https://www.epa.gov/drinkingwatersrf）

- 全球城市团队挑战赛。为智慧城市项目提供资金。（https://www.us-ignite.org/globalcityteams/）
- 公私合营。与一个私营实体合作从而使得 OWQM-SW 系统的融资受益。

其中一些融资途径可能需要制定和批准特定的文件，如质量保证项目计划、数据管理计划或健康与安全计划。为了确保 OWQM-SW 系统项目获得资金和支持，应该建立一个商业企划，清楚地阐明 OWQM-SW 系统项目的优势。

第3章　监测点位

监测点位是指对水源进行取样测量的地点。监测点位的选择应根据系统的设计目标和检测到水质变化后响应所需时间而定。监测点位是相对于控制点而定的，控制点是可以调整处理过程（如添加预处理化学品）或实施应对措施的位置（如关闭取水口）。为了检测污染事件和监测长期水质威胁，在选择监测点位时应先了解最大的水源威胁位置。

目标能力

OWQM-SW 系统监测点位足以实现选定的监测目标。

监测点位和 OWQM-SW 系统安装地点的选择也将受到各种特定场地因素的影响，例如交通和自然灾害因素，如《连续水质监测站运行、结果计算和数据报告标准程序准则》所介绍的。在选择这些地点时，还应考虑运行可靠性和可持续性等性能目标。监测点位的最终选择将在满足设计目标的理想化地点和现实情况之间折中而定。

以下各节将展示一系列示例，演示本书中讨论的三个设计目标如何影响监测点位的选择。所有这些例子都是基于一个虚构的以河流为水源的水厂。这些示例的顺序旨在说明如何将 OWQM-SW 系统从只有单个取水口监测点位扩展到遍布流域的多个监测点位。

3.1 支撑处理工艺优化的监测点位

为了优化处理工艺，操作员需及时获得 OWQM-SW 系统数据，以便根据水源水质的变化调整工艺。许多常见的处理工艺调整可以在几分钟内完成，如调整化学进料速度，过程加载速度和过滤反清洗频率。

> **进水口的监测**
>
> 虽然在取水口监测水源水质有几个优点，但它不一定总是最好的选择。如果在进水口添加预处理化学品，则最好在进水口上游进行监测，以便在检测水质变化和调整预处理过程之间有足够的时间。

因此，为了优化处理流程而选择的监测点位不需要过分远离控制点来提供响应的时间。

监测点位如果设置在取水口和处理厂之间的传输设施中，也能为调整运行提供充足的时间，并且简化了监测站点的安装过程，同时保证了监测站点采集样本的代表性。当有多种水源时，监测每个水源取水口的水质可以提供用来指导切换水源或调整混合比例。水厂取水口设施监测点位如图 3-1 所示。

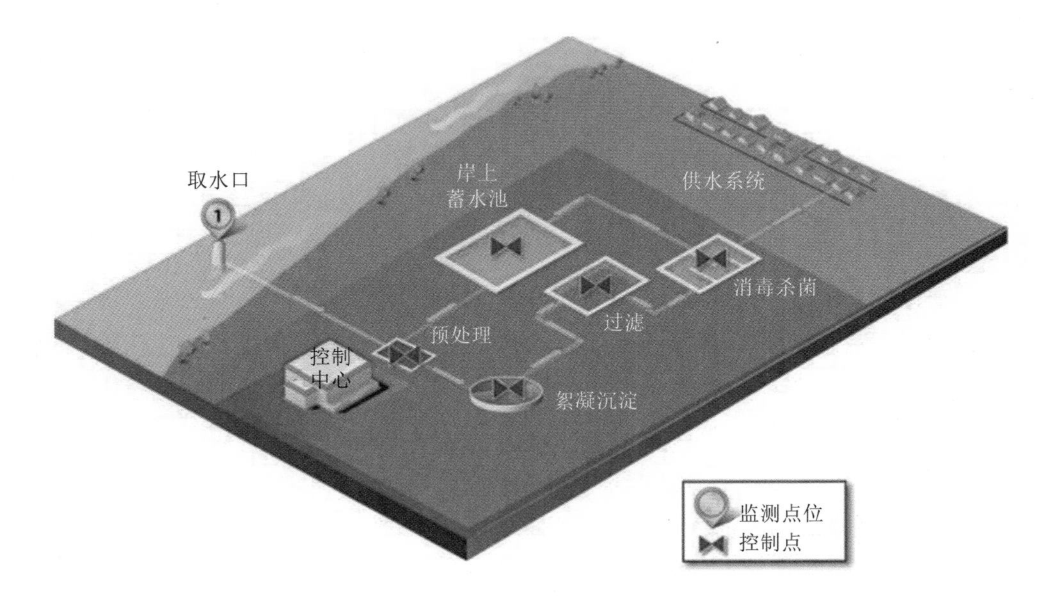

图 3-1 选择监测点位以支持优化处理流程

3.2 监测污染事件的监测点位

选择监测点位以检测化学物质泄漏等污染事件是一个交互的过程，包括以下步骤：

1．计算调查水质变化和实施响应所需的时间；

2．确定临界检测点；

3．根据步骤 1 和步骤 2 的结果选择监测点位。

（1）计算调查和响应时间

应计算出针对水源水质变化可能采取的每一项措施的调查和响应时间。它是以下两部分的总和：

①确认水质发生变化并需要作出响应的时间。一旦检测到水源水质的变化，应进行调查，以确保这不是由于设备自身问题造成的。这项调查所需的时间可以参考以往的调查结果或使用演习演练的结果来估计，在第 7 章中详细描述调查水源水质变化的过程。

静止水体

在静止的水体中，如湖泊和水库，污染物通常扩散比较缓慢，会持续很长一段时间。因此，在选择监测点位时，一般不需要确定湖泊和水库的临界检测点。在取水口或附近进行监测通常就有足够的时间来实施响应。

②执行响应措施的时间。在确定水源水质的变化需要响应后，选择实施特定的措施。根据水源污染不同的情况，考虑相应的响应措施，完成每个响应措施所需的时间可以通过以往经验或者演习演练来估计，将在第 7 章中详细描述响应措施。

（2）确定临界检测点

临界检测点是从水源上检测出水质变化后能够提供足够响应时间的位置。保守地说，临界检测点由最耗时的响应措施或最上游的控制点来决定，从控制点到临界检测点的距离由流速和总响应时间相乘得到，建议使用保守的（流速快）水源流速计算距离。如第 5 章所述，如果水源是通过管道抽送至传感器所在流通池的，则其管内流通时间也需要算入总响应时间。

临界检测点上游的任何监测点位都应该能提供充足的时间来实施响应措施。可以选择更上游和更靠近水源威胁的监测点位，提高检测到水质变化的概率（即最大限度地减少污染物向下游流动时被稀释的情况）。

如果在临界检测点下游存在更大的水源威胁，则应计算从水源威胁到控制点

（如可以关闭的取水口）的水力行程时间，来建立备选响应措施。尽管这种响应并不完美，仍可以提供一定程度的缓解。建议使用保守的（流速快）水源流速来计算水力行程时间。

传感器的深度

当使用浸入式传感器时，需考虑水深对传感器监测水质的影响。例如，如果污染物浮在水面上时，应选择靠近水体表面的监测深度。更多这方面的指导可以参考《连续水质监测站指南和标准程序:监测站运行，结果计算和数据报告》。

（3）选择监测点位

在选择监测点位的过程中应考虑临界检测点的位置，水源威胁的位置，以及与响应措施相关控制点的位置。监测站安装的可行性，也将影响监测点位的选择。

下面几个例子说明了选择监测点位的过程。需要注意的是，所有这些案例都包含 OWQM-SW 系统的 1 号取水口位置，如图 3-1 所示。位置 1 既可以支持处理工艺的优化，也可以支持检测污染事件。

当所有水源威胁位于临界检测点的上游就实现了一个最简单的 OWQM-SW 系统设计。这种情况只需要一个额外的监测点位（OWQM-SW 系统位置 2）放置在水源威胁的下游（水源威胁 A）且处在临界检测点的上游位置，如图 3-2 所示（该图从图 3-1 缩小得到）。这种方法使用最少数量的监测点位，并在监测点位和控制点之间提供足够的水力流动时间来实施响应。

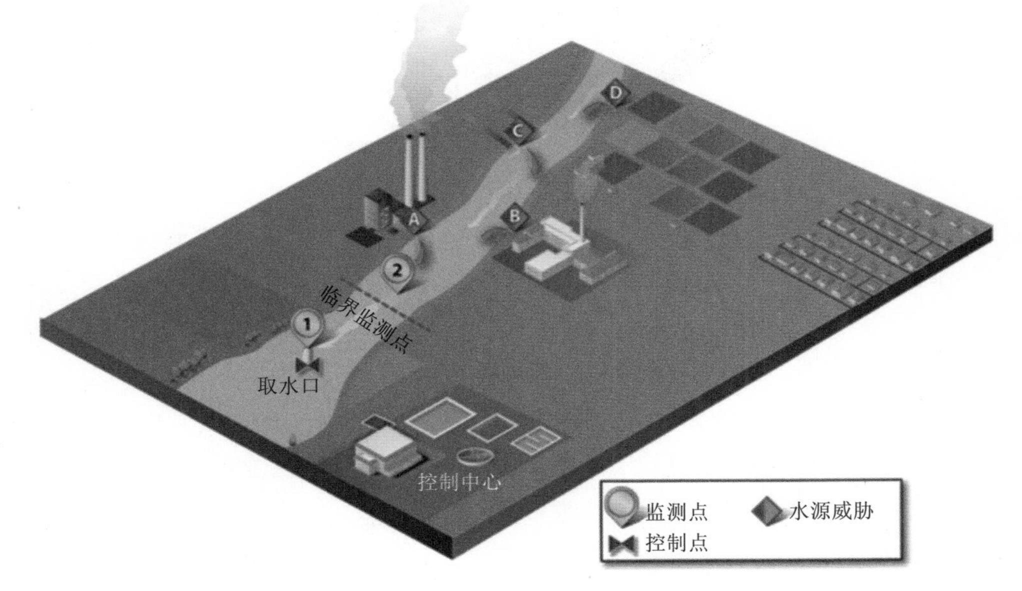

图 3-2　单个上游监测点位，以监测多个水源威胁

在临界检测点上游的水源威胁聚集分布时，单个监测点位也是足够的。

如图 3-3 所示，在某些情况下，需要在每个水源威胁附近设置一个监测点位，例如：

①当早期监测的重要性超过额外监测站的成本时；

②当一个污染事件（如泄漏）的水源威胁是极其严重的时候；

③当水源威胁污染物的体积或流量，可以迅速被稀释到难以检测的浓度，但依然会对水厂或其客户构成风险的时候；

④当需要跟踪污染物转移并对初始监测结果进行确认时。

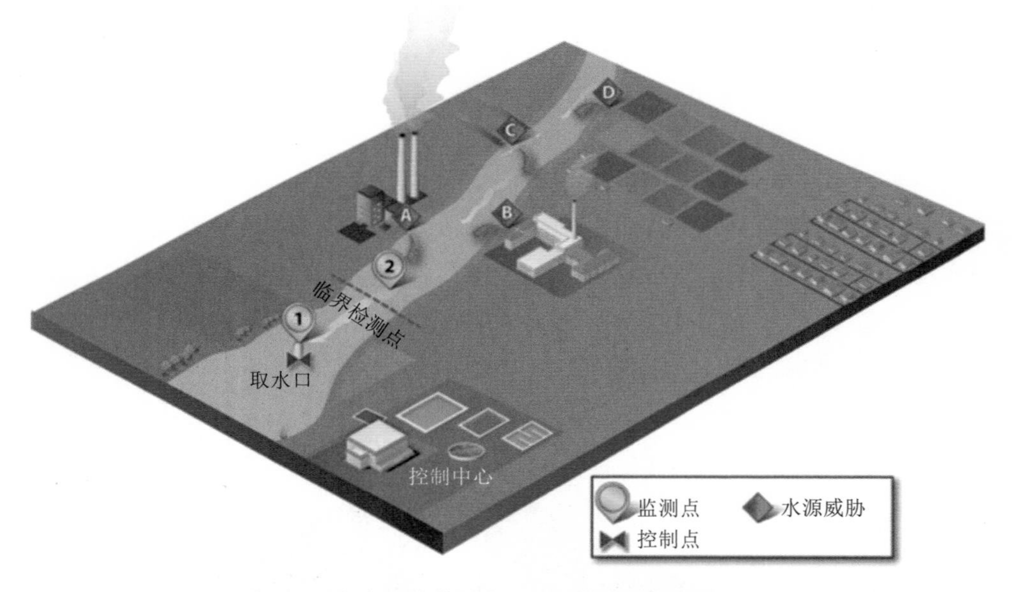

图 3-3　多个上游监测点位，以监控多个水源威胁

图 3-2 和图 3-3 所示的监测点位是根据固定威胁的位置选择的。移动水源威胁，如公路、铁路以及水路交通，需要不同的方法来选择监测点位。一个针对移动威胁的监测方法是在临界检测点设置监测站，这样就有足够的时间来应对移动威胁。此外，取水口的监测点位（在图中位置 1）将提供检测移动水源威胁的能力。在取水口监测无法提供最佳的响应时间，但它仍然可以发现水质变化并及时实施应

> **其他的通知**
>
> 水源威胁的责任人对其溢流、泄漏或排放的通知也可以作为发现污染事件的途径。当水源威胁在临界检测点下游的时候这种方法极为有用。

对措施。

3.3　监测长期水质威胁的监测点位

可以选择用于监测长期水质威胁的监测点位。图 3-4 是图 3-3 缩放后的图像，显示了未来因工业和农业扩张可能会降低支流水质的地区。为了监测这些水源威胁，在支流与河流汇合处上游选定了额外的监测点位，如 OWQM-SW 系统第 6 个和第 7 个地点所示。

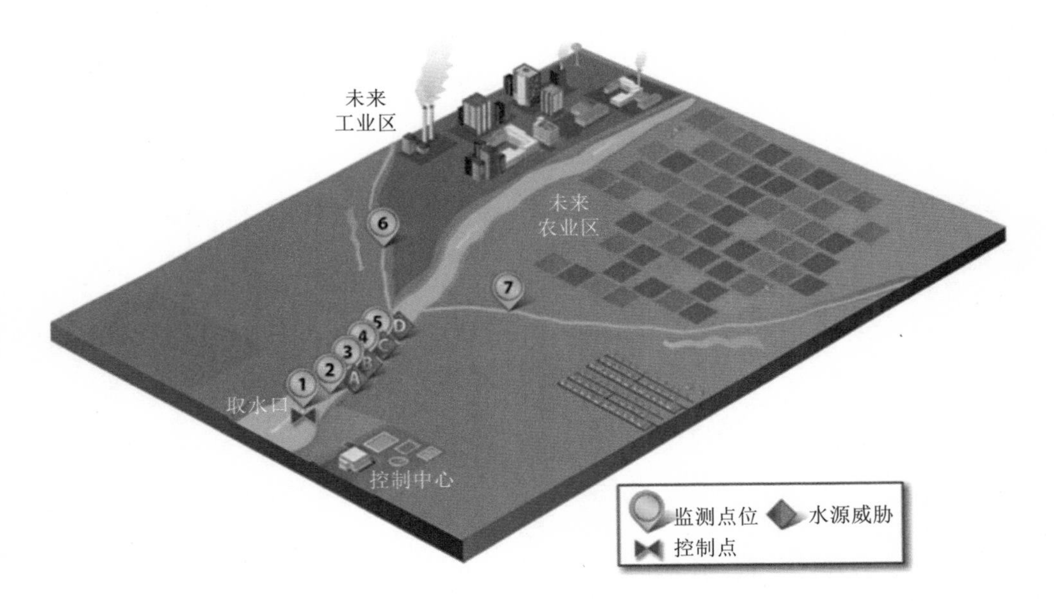

图 3-4　监测长期水质威胁的监测点位

本节给出的案例分别考虑三个设计目标，并依次论证监测点位。可以预见的是，周密的布置可以使单个监测点位同时满足多个设计目标。OWQM-SW 系统位置 1 就是一个单点位支持所有三个设计目标的案例。此外，虽然 OWQM-SW 系统点位 2 至 5 被选择用于检测污染事件，但它们也可以监测对长期水质的威胁。单个监测站点支持多个设计目标将有助于 OWQM-SW 系统的可持续性使用。

第 4 章　监测参数

本章将介绍优化工艺流程、检测污染事件和监控长期水质威胁所需的水质参数。

目标能力
OWQM-SW 的水质参数足够完成监测目标。

4.1　有用的监测参数

表 4-1 介绍了可以使用在线仪器进行监测的 OWQM-SW 水质参数。用于测量这些参数的在线仪器的信息，可参阅 OWQM 监测仪器列表 *List of Available OWQM Monitoring Instruments*.

表 4-1　监测参数概述

参数	参数描述
氨（NH_3）	• 溶液中溶解氨（NH_3）的浓度 • 可以自然产生或来自农业和城市径流、污水处理厂或下水道溢流 • 会影响饮用水处理和供水（如氯需求、硝化作用） • 对水生生物具有高度毒性

参数	参数描述
碱度	• 测量水的缓冲能力（即当添加酸或碱时，它抵抗 pH 变化的能力），通常用碳酸盐等量物来测量 • 可由交通污染物（如金属）导致 • 会影响达到工艺目标需要添加的化学品（如混凝剂、酸或碱）数量 • 会影响供水系统成品水 pH 的稳定性 • 会影响自然系统中污染物的生物利用度，特别是金属
溶解氧（DO）	• 溶液中溶解氧的浓度（溶解氧探头位置会影响结果） • 雨水径流和下水道溢出的污染物能降低溶解氧 • 低溶解氧浓度会影响氧化还原电位，对某些处理过程的效果产生不利影响，尽管水泵抽送和絮凝过程中的搅拌会使溶解氧浓度接近饱和 • 低氧对某些水生生物是致命的
溶解有机碳（DOC） 总有机碳（TOC）	• 有机碳浓度（含碳和氢的化合物） • TOC 包括悬浮和溶解的有机碳 • DOC 是指能通过 0.45 μm 孔径过滤的有机碳 • 腐烂的天然有机物可能增加 DOC/TOC 浓度 • DOC/TOC 导致氯化过程中产生消毒副产物 • 可吸收有机碳能够支持生物在供水系统中的繁殖生长
碳氢化合物	• 包含氢、碳的长链不饱和有机化合物的浓度 • 可能发生于城市径流、交通或溢流 • 可作为石油产品污染水源的指标 • 会给水带来难闻的气味，并且很难从供水系统和家用管道中去除 • 可能对水生生物有毒
硝酸盐和亚硝酸盐	• 溶液中硝酸盐（NO_3）和亚硝酸盐（NO_2）的浓度 • 可发生于污水处理厂、农业径流或城市径流 • 常规处理难以去除的管制污染物 • 能促进藻类和细菌的生长
正磷酸盐	• 由磷和氧组成的无机化合物的浓度 • 可在农业和城市径流中自然产生 • 用于保护饮用水供水管道和家庭管道免受腐蚀 • 能促进藻类和细菌的生长
氧化还原电位（ORP）	• 测量还原剂和氧化剂之间的电子势流，表现了溶液的氧化或还原能力 • ORP 较低会降低氧化处理工艺的效果 • 可作为水源中自然过程的指标（如水体交换）

参数	参数描述
pH	• 水溶液中氢离子浓度的负对数 • 是理解水化学的基础 • pH 的变化可以由自然的生物和化学过程引起 • 会影响混凝/沉淀处理过程的效果 • pH 的变化会影响水源中的化学和生物过程 • pH 水平的显著变化通常对水生生物有毒
光合色素	• 光合作用生物体用于捕捉太阳能化学键的物质 • 包括叶绿素 a 和藻蓝蛋白（直接体现蓝藻水平） • 可作为自养生物量和藻华的指标 • 活体荧光光谱可以体现藻类物种的相对比例
电导率	• 测量溶液的离子强度，通常用作替代总溶解固体 • 会由于下水道溢流，合流下水道溢流和污水处理厂排放而升高 • 可指示咸水或半咸水入侵 • 会干扰水生生物的渗透平衡
光谱吸光度	• 测量紫外/可见光谱的波长吸收 • 水源水的光谱吸收剖面可以提供基准光谱指纹用于检测异常水质 • 可以提供其他水质参数（如硝酸盐和亚硝酸盐）的衍生测量结果 • 254 nm 的光谱吸收（UV-254）通常代表天然有机物浓度
流动电流（电动电势）	• 通过施加电位差测量粒子速度来测定表面电荷（Zeta 电位） • 通常用作监控混凝、沉淀和过滤的过程
温度	• 测量水中的热能 • 影响化学平衡和动能，可能会影响处理工艺的性能 • 能表示来自不同来源的水的混合（例如，污水处理厂的废水与水源水的混合） • 集成在温度相关参数的水质传感器中（如 pH、电导率），从而对这些参数的测量进行温度补偿
毒性	• 水环境中的化学物质对水生生物产生不利影响的综合测量 • 指示水中可能伤害人或水生生物的化学物质或毒素的存在
浊度	• 测量水由于悬浮物导致的浑浊程度 • 由于下水道溢流、合流下水道溢流和污水处理厂排放导致升高 • 高浊度水平会使一些处理过程超负荷，因为相关的悬浮固体增加 • 可作为细菌和其他颗粒污染物的指标 • 高浊度会减少光的通过，影响下层水生态系统

4.2 参数选择

本节将介绍对每个达成设计目标有用的监测参数。在选择参数时，要考虑到一些参数能够提供固有效果，而另一些参数可能对其他监测参数进行补充，在一起测量时则可以提供更有用的信息。例如，pH影响氨的形态，较低的pH会使水中氨转化为铵离子（NH_4^+），而铵离子对水生生物的毒性更大。因此，如果氨是已知的或潜在的水源污染物，那么氨和pH都应被监测。

以下列出了对实现三大设计目标可能有帮助的参数。参数通常是互补的，这意味着监测多个参数将更有效地满足设计目标。然而，参数的选择应始终根据监测点位和场地因素而定。

（1）为优化工艺流程选择参数

对优化工艺流程有用的参数取决于将被优化的工艺流程。表4-2列出了用于优化常规工艺的监测参数。

表4-2 支持优化处理流程的监测参数

处理过程	参数	参数选择的基本原理
高锰酸盐预处理	ORP	ORP 可指示水源水中存在还原物质，还原物质会增加高锰酸盐的所需剂量
	溶解氧	水源水中DO浓度较低，表明水体处于还原环境，增加了高锰酸盐的所需剂量
	DOC/TOC	水源水中较高的DOC/TOC浓度会产生氧化需求，增加了高锰酸盐的所需剂量
	光谱吸光度	铁和锰的去除通常是高锰酸盐预氧化的处理目标。光谱吸光度可以用来测量源水中的铁和锰浓度，以确定达到铁锰去除目标所需的高锰酸钾剂量
	pH	pH会影响高锰酸盐作为预氧化剂的效果
PAC聚合氯化铝预处理	光合作用色素	可以添加PAC去除有害的藻类毒素和副产品。光合色素的增加可以提供直接的藻类活性指示，因此可以用来指导PAC的添加
	DOC/TOC	高浓度的DOC/TOC会占用PAC颗粒上的活性吸附点位，因此为了达到其他处理目标，则需要提高PAC的浓度，例如去除有害的藻类毒素或引起不良气味的化合物
	pH	pH会影响PAC对特定污染物的吸附效果

处理过程	参数	参数选择的基本原理
混凝/沉淀	浊度	浊度可用于确定满足工艺出水水质指标所需的混凝剂剂量
	DOC/TOC	强化混凝的处理目标通常设定为常规处理过程中 DOC/TOC 的百分比去除率或滤池出水中 DOC/TOC 的目标浓度。DOC/TOC 数据可用于确定达到最佳混凝所需的混凝剂剂量
	pH	pH 对混凝过程的性能和实现强化混凝的能力有显著影响
	光谱吸光度	光谱吸光度可以检测水化学成分的变化，这些变化可能会影响混凝过程的性能
	碱度	碱度可以影响所需混凝剂的数量或需要添加的酸/碱，以达到优化混凝所需的 pH 范围
过滤	不适用	由于上游常规处理工艺改变了对过滤性能至关重要的水质参数，尤其是浊度，因此水质数据对过滤优化的应用很少
消毒	氨	上游常规处理工艺一般不去除氨，因此，源水中氨浓度的变化会影响到折点氯化和充分消毒所需的氯剂量

注：由于温度对反应速率和工艺性能的影响，每个处理过程也应监测温度。

（2）监测污染事件的参数选择

表 4-3 列出了几个污染物组、可能有用的监测参数，以及每个参数监测所列污染物组的基本原理。表 4-3 包含一些基础信息，参数的选择应根据风险评估中的水源威胁相关污染物而定。也可以通过研究来指导，例如《供水系统水质监测：传感器技术评价方法和结果》，评估了各种水质参数对饮用水中不同污染物的反映。任何所列参数检测污染物的能力取决于污染物浓度是否足够高到改变参数的检测值。检测能力还取决于数据分析工具的具体配置，如第 6 章所述。

表 4-3　支持检测污染事件的监测参数

污染物组群和相关水源威胁	参数	参数选择的基本原理
来自水源威胁的无机工业化学物质，如： • 化学品储罐 • 农药和肥料储罐 • 交通走廊 • 船舶	光谱吸光度	有些无机化学物质吸收紫外可见光谱。因此，光谱吸收的变化可能表明受到无机工业化学品的污染。此外，一些光谱仪器允许用户添加光谱指纹。如果发现了与水源威胁相关的特定无机化学物质的光谱指纹，则可以将其添加到水厂的指纹库中，以方便后续对污染物的检测

污染物组群和相关水源威胁	参数	参数选择的基本原理
	电导率	一些无机化学物质具有带电基团，这些基团在溶于水时会离解并形成离子。电导率的增加可能表明无机工业化学品的存在
	毒性	毒性提供了存在潜在有毒物质的一般指示，因此可以检测到存在有毒工业化学品。请注意，毒性监测器对不同化学物质响应的差别会很大
来自水源威胁的有机工业化学品，如： • 化学品储罐 • 农药和肥料储罐 • 交通走廊 • 船舶	DOC/TOC	DOC/TOC 可用于测定与有机化合物相关的碳浓度，包括有机工业化学品。因此，DOC/TOC 的增加可能表明存在有机工业化学品
	光谱吸光度	许多有机化学物质吸收紫外可见光谱。因此，光谱吸收的变化可以表明来自有机工业化学品的污染。此外，一些光谱仪器允许用户添加光谱指纹。如果产生了与水源威胁相关的特定有机化学品的光谱指纹，就可以将其添加到水厂的指纹库中，以方便后续对污染物的检测
	电导率	一些有机化学物质具有带电基团，这些基团在溶于水时会离解并形成离子。电导率的增加可能表明有机工业化学品的存在
来自水源威胁的有机工业化学品，如： • 化学品储罐 • 农药和肥料储罐 • 交通走廊 • 船舶	毒性	毒性提供了存在潜在有毒物质的一般指示，因此可以检测到存在有毒工业化学品。请注意，毒性监测器对不同化学物质响应的差别会很大
来自水源威胁的石油产品，如： • 石油储罐 • 页岩气和石油钻探 • 交通走廊 • 船舶	DOC/TOC	DOC/TOC 可用于测定与石油产品相关的碳浓度。DOC/TOC 的增加可能表明存在石油产品
	碳氢化合物	碳氢化合物监测可以提供源水中碳氢化合物浓度
	毒性	毒性提供了存在潜在有毒物质的一般指示，因此可以检测石油产品的存在。请注意，毒性监测仪对石油产品的响应可能各不相同

污染物组群和相关水源威胁	参数	参数选择的基本原理
来自水源威胁的藻类毒素/有害藻华（HABs），如： • 农业径流 • 城市径流 • 污水处理厂排放	氨	氨可以监测营养负荷的增加，营养物质可能助长有害藻华的形成
	溶解氧	DO 浓度的急剧下降可以表明藻华的形成
	硝酸盐和亚硝酸盐	硝酸盐和亚硝酸盐可以监测营养负荷的增加，营养物质可能支持有害藻华的形成
	正磷酸盐	正磷酸盐可以监测营养负荷的增加，营养物质可能支持有害藻华的形成
	光合色素	光合色素的增加可以体现藻类活性
	pH	由于光合作用和微生物呼吸作用，pH 会升高，因此可能是藻华形成的指示剂
	浊度	浊度的增加可以表明藻华的形成
	毒性	毒性提供了潜在有毒物质存在的一般指示，因此可以检测出毒素的存在。请注意，毒性监测器在它们对藻类毒素的响应方面差别很大
来自水源威胁的废水，如： • 废水排泄口 • 污水池 • 喷淋径流	氨	氨是原废水中最显著的氮种。因此，监测氨氮是一种有效监测废水排放的方法
	溶解氧	DO 浓度的急剧下降表明有废水排放，使生化需氧量升高
	硝酸盐和亚硝酸盐	在实施硝化的工厂废水中硝酸盐和亚硝酸盐的浓度是显著的。因此，对硝酸盐和亚硝酸盐的监测是一种有效监测废水排放的方法
来自水源威胁的废水，如： • 废水排泄口 • 污水池 • 喷淋径流	正磷酸盐	磷酸盐可存在于废水中。因此，对正磷酸盐的监测是检测废水排放的一种有效方法
	DOC/TOC	DOC/TOC 可用于测定与所有有机化合物相关的碳浓度。DOC/TOC 的增加可能表明废水的释放
	电导率	废水中的一些污染物有带电基团，增加了溶液的离子强度。电导率的增加可能表明废水浓度较高
	毒性	毒性提供了潜在有毒物质存在的一般指示，因此可以检测废水中存在的有毒化学物质。需要注意的是，毒性监测设备对不同化学物质响应的差别会很大
	浊度	浊度的增加表明废水中可能存在的悬浮固体和微生物浓度的增加

注：建议监测所有污染物组和水源威胁的 pH 和温度，因为这些参数对了解水化学特性十分重要。

（3）监测长期水质威胁的参数选择

用于监测长期水质威胁的参数将取决于与高风险水源威胁相关的特定污染物，所选参数应能够提供风险评估中特定污染物或污染物类别的信息。表 4-4 列出了几种污染物组、可能有用的监测参数，以及通过这些参数监测污染物组的基本原理。为了实现这一设计目标，选择参数时应考虑水源威胁是如何改变长期水质的。

表 4-4　支持监测长期水质的参数

污染物组群和相关水源威胁	参数	参数选择的基本原理
来自水源威胁的污水和雨水，如： • 废水排放口 • 污水池 • 雨水排放口 • 合流下水道溢流 • 化粪池 • 气候变化	氨	氨浓度升高会危害水生生物，对产业（如渔业）产生不利影响，并对消毒等处理过程产生不利影响
	溶解氧	溶解氧不足会破坏水生生态系统，并对产业（如娱乐活动）产生不利影响
	DOC/TOC	DOC/TOC 浓度升高表明污染物负荷增加，这将对水体的整体健康有害。在极端情况下，DOC/TOC 持续增加可能需要修改工艺流程
	硝酸盐和亚硝酸盐	硝酸盐和亚硝酸盐浓度升高表明营养物负荷增加，有可能引发藻华和有害藻华。在极端情况下，硝酸盐和亚硝酸盐的持续增加可能导致需要增加硝酸盐去除工艺，以满足饮用水标准
来自水源威胁的污水和雨水，如： • 废水排放口 • 污水池 • 雨水排放口 • 合流下水道溢流 • 化粪池 • 气候变化	正磷酸盐	高浓度的正磷酸盐可能表明较高的营养负荷，有可能引发藻华和有害藻华
	光合色素	光合色素的增加是藻类活动和潜在有害藻华的直接指标
	电导率	高电导率可能导致超过二级饮用水标准，降低客户对水的接受度。如果溴化物是造成这一增长的无机化学品之一，它可能导致消毒副产物（DBPs）浓度升高，可能需要混合水源水或添加高级处理工艺（如反渗透）
	毒性	可表明存在对水生生物有害和降低水体整体健康的毒素。特定的毒素可能需要额外的处理流程
	浊度	增加的浊度会减少阳光的穿透深度，从而对水体的整体健康产生不利影响。浊度的显著和持续增加可能需要调整处理工艺，以保持可接受的出水水质

污染物组群和相关水源威胁	参数	参数选择的基本原理
来自水源威胁的无机和有机营养物，如： • 农业径流 • 城市径流 • 废水排放口 • 野火 • 气候变化	氨	氨浓度升高会危害水生生物，对产业（如渔业）产生不利影响，并会对消毒等处理过程产生不利影响
	溶解氧	溶解氧不足会破坏水生生态系统，并对产业（如娱乐活动）产生不利影响
	DOC/TOC	DOC/TOC 浓度升高表明污染物负荷增加，这将对水体的整体健康有害。在极端情况下，DOC/TOC 持续增加可能需要修改工艺流程
	硝酸盐和亚硝酸盐	硝酸盐和亚硝酸盐浓度升高表明营养物负荷增加，有可能引发藻华和有害藻华。在极端情况下，硝酸盐和亚硝酸盐的持续增加可能导致需要增加硝酸盐去除工艺，以满足饮用水标准
	正磷酸盐	高浓度的正磷酸盐可能表明较高的营养负荷，有可能引发藻华和有害藻华
	光合色素	光合色素的增加是藻类活动和潜在有害藻华的直接指标
来自水源威胁的无机和有机营养，如： • 农业径流 • 城市径流 • 废水排放口 • 野火 • 气候变化	电导率	高电导率可能导致超过二级饮用水标准，降低客户对水的接受度。如果溴化物是造成这一增长的无机化学品之一，它可能导致消毒副产物（DBPs）浓度升高，可能需要混合水源水或添加高级处理工艺（如反渗透）
来自水源威胁的杀虫剂和除草剂的威胁，如： • 农业径流 • 城市径流 • 交通径流	DOC/TOC	DOC/TOC 的增加可能表明农药和除草剂的用量增加，这可能对水体的整体健康产生不利影响，需要对处理工艺进行重大调整
	光谱吸光度	光谱吸光度的增加可能表明农药和除草剂的用量增加，这可能对水体的整体健康产生不利影响，需要对处理工艺进行重大调整
	毒性	农药和除草剂负载的增加可以直接增加水体毒性

注：建议监测所有污染物组和水源威胁的 pH 和温度，因为这些参数对了解水化学特性十分重要。

第5章　监测站

一旦选定了监测点位和参数，就可以开始设计监测站。每个监测站将由选定参数的测量仪器、将水样输送至传感器的设施、为监测站供电的设施、向水厂控制中心传输数据的设施、保护监测站不受环境破坏或干扰影响的辅助设施组成。监测站的具体设计将取决于：

（1）监测点位；

（2）需要监测的参数；

（3）监测站安装和维护的实际考虑。

目标能力

OWQM-SW 系统监测站完全实现选定的监测目标。

监测站基本功能示意图如图 5-1 所示，描述了监测站如下功能：

（1）仪器。监测水质参数的单元。

（2）处理单元。将 OWQM-SW 系统数据和其他数据传输到通信模块，实现对监测站的远程控制，并提供运算处理能力。

（3）通信。将监测站数据传送到控制中心以及将控制中心的指令传送到监测站的工具。

（4）供电和配电。为监测站的设备供电。

（5）辅助配件。执行上面未提及功能的其他单元。

（6）站房结构。提供安装和保护仪器以及辅助设备免受环境和潜在干扰的单元。

图 5-1 中各功能说明如下。

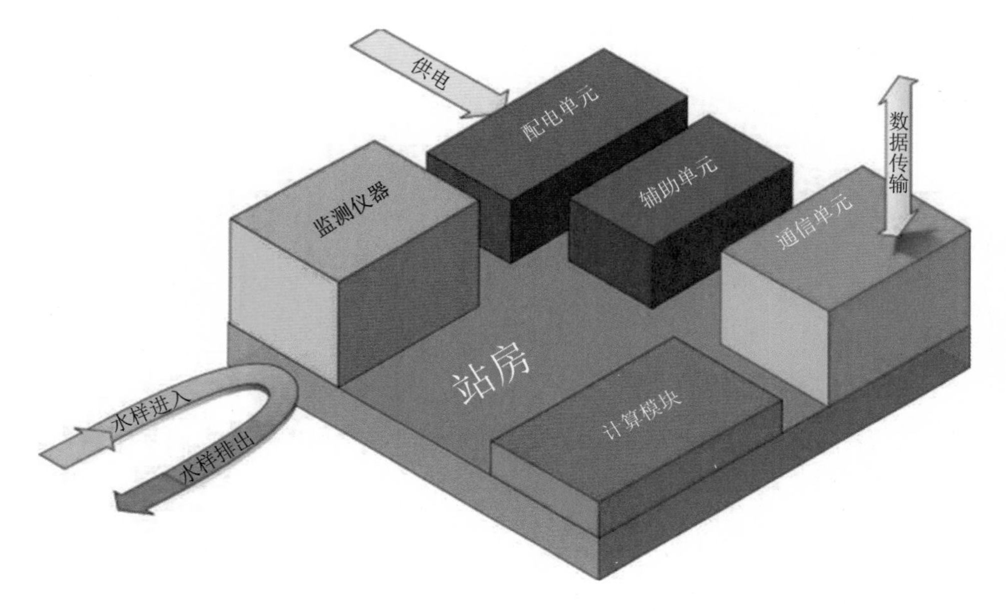

图 5-1　监测站功能示意图

5.1　仪器

在许多情况下，有多种传感器技术可供测量同一个参数，需要为此选择特定的仪器。在选择仪器时，有几个因素值得考虑，包括仪器性能、采样和分析间隔、OWQM-SW 系统安装地点的环境、生命周期成本和供应商支持服务。《可使用的 OWQM 仪器清单》中介绍了监测参数和相关的传感器技术，以及在选择过程中需要考虑的因素。

5.2　采样

在线监测采样的两种常用方法是：

（1）传感器直接浸入水体中；

（2）将水源样本抽送进装有传感器的单元。

将传感器直接浸入水体中，确保传感器测量水质时对样品的干扰或变化最小。这种采样方法对于诸如溶解氧这样的参数是有用的，溶解氧会由于混合和输送至流通池而发生改变。许多参数可以通过传感器直接浸入到水体内进行监测。这种方式的传感器通常配备有保护外壳和雨刮、刷子或压缩空气清洁传感器表面的功能。

第二种采样方法是将水样抽入一个包含传感器且不在水体的流动单元中。这需要安装一个水泵和相应的管道，将样品运送到监测站流通池，以确保水样稳定地流过所有传感器。一些设计用于流动单元的传感器配有雨刮、刷子或压缩空气来清理污垢。流动单元在以下情况非常有用：

（1）使用只能在特定流速和水压下工作的传感器，且不能直接放置在水体中（如很多氨传感器）。

（2）使用需要在受控环境才能正确操作的仪器时。

（3）当仪器使用的试剂不能直接排放到水体中时。

代表性样本

当对水体进行采样时，采样只代表实际采样点的水质。一个水体在所有三个维度的组成是复杂的，所以一个真正具有代表性的水体将需要三维剖面视图，这无法实时进行。然而，放置在水体中精心选择位置的传感器可以提供OWQM-SW 系统所需的信息。

表 5-1 给出了两种样品测量方法（浸没法和流通池法）的关键属性比较。用于比较的属性有：

（1）测量的干扰。采样方式可能引入对测量的干扰。

（2）测量延迟。采样方式增加从水源到传感器进行测量之间的时间。

（3）暴露在环境中。采样方式使仪器暴露于多变或恶劣环境条件下。

（4）生命周期成本。采样方式增加安装和维护仪器的成本。

（5）可维护性。采样方式增加维护仪器所需时间和精力。

表 5-1　两种采样测量方案的关键属性比较

属性	浸没法	流通池法	评论
测量的干扰	●	◒	将传感器直接放置在水体中，消除了使用流通池时可能引入的许多测量干扰源，如湍流、水泵及管道的潜在污染

属性	浸没法	流通池法	评论
测量延迟	●	○	当传感器浸入水源中时，测量延迟可以忽略不计。当使用流动单元时，水源被抽送到装有的流通池中。到流通池的过渡时间由监测点位和站点之间的距离以及流速决定。根据距离和流速的不同，延迟可能从几分钟到几小时不等
暴露在环境中	○	●	使用流通池可以对仪器操作的环境进行更多的控制
生命周期成本	◒	◒	使用流通池需要额外的管道、水泵，这可能会增加安装成本。然而，直接安装在水体中的传感器的维护成本可能更高
可维护性	○	◒	使用流动单元可以将传感器放置在更方便维护的位置。然而，这种选择还需要维护管道和泵

评级：●=积极；◒=中立；○=消极。

如果在测量过程中使用试剂，应正确处理流出水样。可能需要将污水排放到下水道中，除非有国家污染物排放消除体系（NPDES）许可才能将流出水样直接排放到水体中。在使用无试剂传感器且流出水样中不添加任何物质的情况下，可以在测量之后将流出水样排放到水体中。

5.3 供配电

监测站的电源选择受其所处位置、站房设备的电源需求的限制。电网电力通常是最简单和最便宜的电力供应。然而，如果附近没有电网电力，将其延伸到一个监测站可能比替代供电（如风能或太阳能蓄能）更昂贵。在使用电网电力时，建议监测站的主断路器面板上使用有专用线路或线路调节器，以避免电压不稳定或断路器跳闸。为确保监测站在断电期间继续运作，还应安装不间断电源，关于配电的内容可参考《建立在线水质监测站指南》。

5.4 通信

如何选择将数据从监测站传输到控制中心的通信解决方案，很大程度上受监测站位置的影响。通信解决方案包括有线和无线技术。使用流通池取样的一个潜在优点是，可以在监测站安装地点附近使用有线通信。《水质监测和响应系统通信系统设计指南》介绍了通用通信方案的详细信息以及选择方案的评价标准。

5.5　集成

监测站的集成包括用于安装或放置传感器和辅助设备的材料和设备。为了实现各种设计目标和性能目标，监测站可能需要安装在建筑物内、靠近其他设施的地方，或安装在靠近水源或直接位于水源的偏远地区，所有这些都将影响监测站的集成。监测站通常有以下 5 种建设方案：

（1）壁装式支架将仪器和相关设备固定在墙壁的安装面板上。

（2）独立机架是通过将仪器和相关设备固定在安装面板上，连接到一个开放的结构框架，方便从面板两侧操作仪器设备。

（3）封闭式监测站将仪器和相关设备放置在定制的、预制的或美国国家电气制造商协会（NEMA）的外壳内。

（4）紧凑型站是封闭式站的小型版本，可以放置一到两个使用试剂的仪器或一个可以测量多种参数的非试剂仪器。

（5）浮动平台能将监测站设置在水面上。这些监测站通常由一个或多个装有仪表和电子设备的机柜组成，这些机柜安装在浮筒或浮标上。在浮动平台上只使用无试剂仪器，以避免更换试剂和处理废水的麻烦。

《建立在线水质监测站指南》提供了这些监测站的设计细节。

第 6 章　信息管理和分析

监测站产生的数据必须转化为可操作的信息才能实现设计目标，并为 OWQM-SW 系统的投资提供最大的回报。可操作的信息是通过分析 OWQM-SW 系统数据、辅助信息，并以易于理解的方式将结果呈现给最终用户来生成的。为了实现这些目标，OWQM-SW 信息管理系统必须提供数据存储、访问、分析、通知和可视化功能。

目标能力

信息管理系统能够提供数据存储、访问、分析、通知和可视化功能。

本章中讨论的开发过程与第 4 章中 SRS 集成指南介绍的信息管理系统设计原则相一致，同时兼顾了 OWQM-SW 系统信息管理系统的特点。本章讨论以下主题：

- 分析和可视化技术
- OWQM-SW 信息管理系统架构
- OWQM-SW 信息管理系统必要条件

信息的利用率

在一次论坛上，50 家美国大型水务公司的首席信息官（CIO）们估计，收集的信息中，只有 10%～15%得到了合适的评估。数据的自动化分析和有效可视化可以帮助解决数据未得到充分利用的问题。

6.1 分析和可视化技术

对 OWQM-SW 系统数据进行分析，识别水质的变化需要水厂人员关注水质并开展行动来达到 OWQM-SW 系统的设计目标。OWQM-SW 数据分析使用可视化工具以便水厂人员理解和使用。分析技术和可视化技术将根据下面提及的每个设计目标而有所不同。

OWQM-SW 数据分析的准备工作

为了有效地使用 OWQM-SW 系统数据，首先需要验证其是否满足数据质量目标（如准确性和完整性），并建立标准变化：

1. 验证数据符合数据质量目标。所有可用的水质传感器产生的数据，偶尔会出现自身的干扰和异常值。当进行分析时，拥有满足数据质量目标的可靠数据是很重要的。在使用从监测站收集的数据之前，应该消除或纠正明显的错误，这一过程称为数据验证。如第 6.2 节所述，数据验证可以由监测站的计算机执行，也可以作为中央信息管理系统的分析层的一部分执行。

2. 为 OWQM-SW 系统水质数据建立标准变化或基线。本节描述的数据分析方法依赖理解每个监测点位的每个参数的标准变化来建立基线。

关于数据验证和建立基线技术的其他指导可在《实时在线水质监测数据趋势探索性分析》中找到。

（1）分析和可视化优化处理过程

使用 OWQM-SW 系统优化处理流程，要实时监测 OWQM-SW 系统数据以识别需要调整处理流程的水质变化状况，了解水源水质与改进处理流程之间的关系。这种知识可以通过小试或中试规模的研究获得，也可以通过全规模测试获得。分析 OWQM-SW 系统数据用于优化处理流程有两种方法：阈值模型和处理过程模型。

使用阈值来优化处理流程涉及对影响处理工艺性能的参数进行实时监测，并在监测的参数跨越阈值时调整处理流程。大多数进程受多种参数的影响，因此不应该孤立地考虑单个参数阈值。为了帮助操作人员识别水质可能发生的重大变化，可以根据跨越阈值（最小值或最大值）的参数生成警报。阈值分析通常使用趋势图进行可视化，该图显示随时间推移的测量值以及最小和最大阈值，如图 6-1 所示。橙色虚线所示的阈值表示当前处理流程可实现最优处理的变量变化范围。在本例中，x 轴以小时为单位显示一天中的时间，y 轴以图例中指定的单位显示参数浓度。通过这些图提供的信息，以及操作者关于处理过程的知识，可以用来调整工艺流程。

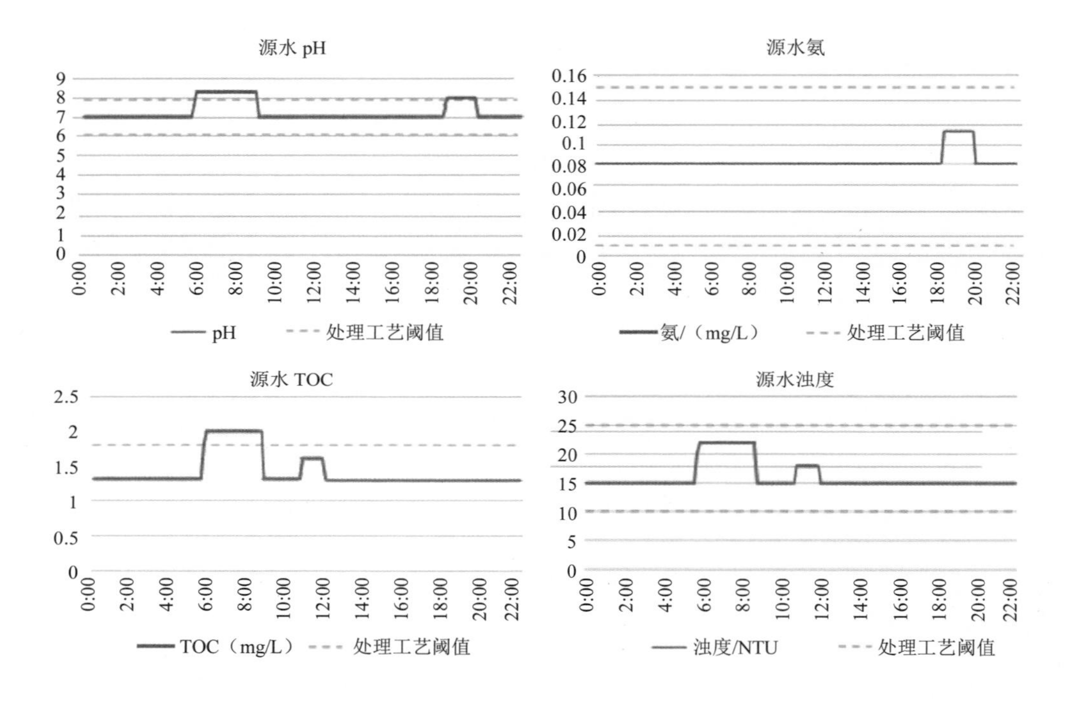

图 6-1 优化处理流程的趋势图和阈值

必须为每个参数和处理过程设定阈值。结合历史水质数据和处理流程性能的知识进行统计分析，来建立优化处理所需的阈值。通过分析相关时期内水质参数的典型变化来制定阈值（例如，变量大的参数以日或周为单位、变量小的参数以月或季为单位）。对工艺流程性能的了解将有助于根据不同水源水质类型调整工艺流程。在阈值上应使用 5%～10%的安全系数，这样当参数值开始跨越阈值时，流程将继续生产水质合格的水。为运营商提供了调查和响应水源水质变化的时间。

第二种分析方法涉及处理过程模型的使用。这些模型结合了进水水质、处理流程设置和处理后出水水质三者之间的关系。处理过程的模型可以分为机械型、统计学型或基于知识型（McEwen，1998）。机械模型将输入和输出结果与过程的基本特性联系起来，并使用由经验确定的系数对特定的处理厂模型进行校准。当没有可靠的机械模型时，则使用统计模型，输出结果将由输入值结合历史数据的统计分析得出。基于知识的模型使用神经网络和专家系统等技术来处理不了解的复杂系统。这些模型使用输入、输出、人类经验和过去表现的知识来预测未来的流程效果。

处理过程模型使用经过验证的 OWQM-SW 系统数据、当前处理过程设置和流程出水水质，以确定必要的流程调整（如化学剂量、加载速率）来保持最优的处理。如果模型链接到数据采集与监视控制（SCADA）系统，可以设定为自动调整处理过程。如果没有，操作者可以手动调整 7.1 节所述的处理工艺设置。

（2）污染事件检测的分析和可视化

污染事件的OWQM-SW 系统通过实时监测 OWQM-SW 数据识别水质异常来发现污染事件。利用 OWQM-SW 系统数据检测污染事件有两种方法：阈值分析和自动异常检测系统（ADSs）。

一种检测污染事件的简单方法是使用单个监测参数的阈值。阈值基于每个点位的每个参数的正常变化，阈值被超越表明水质出现异常情况。《参数设定值：实时数据分析的有效解决方案》（Umberg and Allgeier，2016）一文中详细讨论了使用单个参数阈值检测饮用水供水系统中的污染事件。

阈值可以通过具有代表性时期内的历史数据经过统计分析来确定，这需要使用专门的软件来分析海量 OWQM-SW 系统数据。另外，可以将计算阈值所必需的分析逻辑直接构建到信息管理系统中。设置阈值通常是为了避免过多的无效警报，同时保持足够的灵敏度来检测污染事件。如果水质有显著变化，例如季节变化，则可能需要为每个时间段建立相应的阈值，并使用不同的水质基线。

图 6-2 展示了一种用于阈值分析的可视化手段。在本例中，用于优化处理流程的阈值如图 6-1 所示为橙色虚线。红色虚线表示检测污染事件的阈值，它设置在第 99.9 百分位，这是对 6 个月的数据进行分析计算得出的。在该图中，与优化处理的阈值相比，检测污染事件的阈值更加偏离正常参数值的水平。除 pH 外，其他参数仅为检测污染事件建立了上限阈值，因为污染事件不会降低氨、TOC 或浊度。优化处理的阈值与污染事件检测阈值之间的差异是，前者旨在指导处理流程以响应水质变化，而后者的目的是确定在正常水质变化范围之外的异常情况。

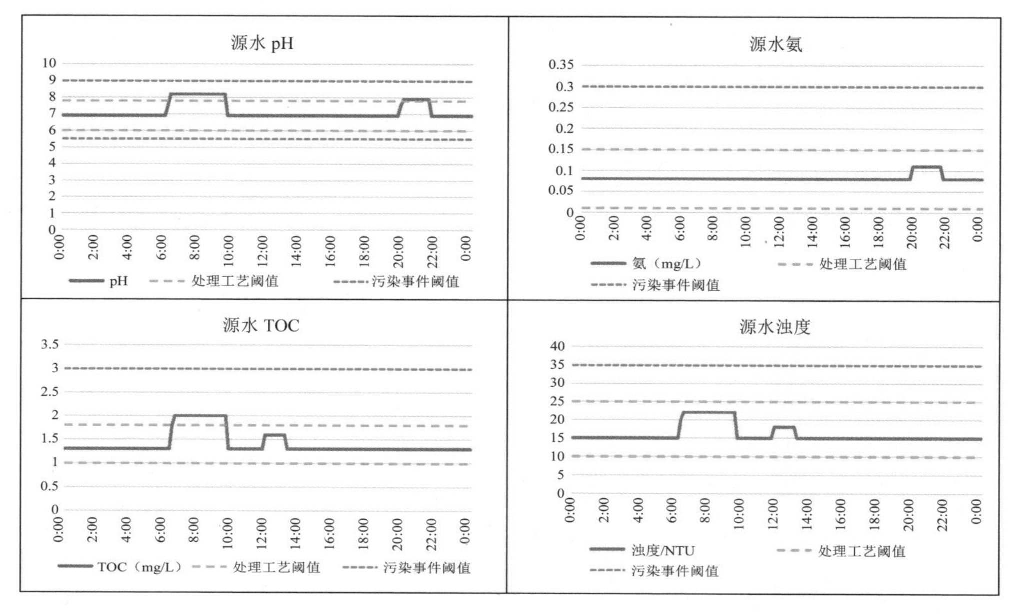

请注意，此图显示了没有干扰的理想数据，以清楚地演示阈值分析的概念。

图 6-2　检测污染事件的趋势图和阈值

更复杂的自动异常检测系统（ADSs）使用软件算法，能够分析单一监测点位测量的多参数变化趋势以识别异常。有些 ADSs 需要人工输入算法系数，这需要由开发人员结合监测数据得出。

这些 ADSs 使用一组初始系数，然后可以根据水质变化特征而改进。一些 ADSs 通过训练数据集学习标准变化以便平衡无效警报和漏报水质异常情况。这些软件工具可以做到让用户为警报指定特定起因，并将其划分为有效或无效，之后可以在不降低检测能力的前提下减少无效警报。

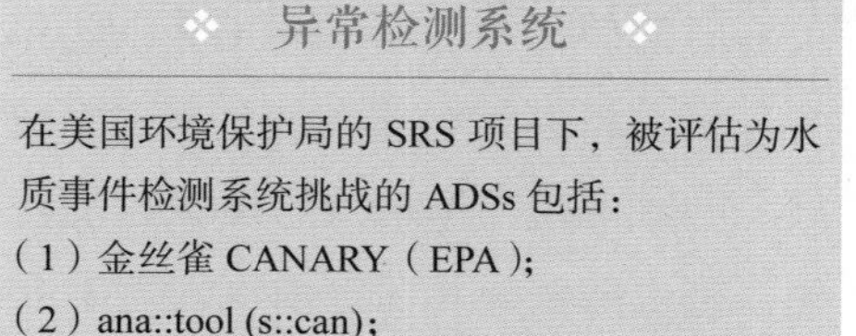

异常检测系统

在美国环境保护局的 SRS 项目下，被评估为水质事件检测系统挑战的 ADSs 包括：
（1）金丝雀 CANARY（EPA）；
（2）ana::tool (s::can)；
（3）Hach 事件监视器（Hach）。

在选择 ADSs 之前，水厂应使用具有代表性的历史数据对多个选项进行评估，以便最可靠地分辨每个监测点的真实水质异常和正常水质变化。

“仪表盘”是一个视觉化的用户界面，它在空间上和图形上集成和展示来自多个数据源的数据。图 6-3 展示了一个基于 GIS 的仪表盘的示例，该仪表盘用于显示来自监测点和美国地质调查局（USGS）站点的数据。用于支撑水质数据的其他信息资源（如天气和水流速数据）也可以集成到仪表盘的设计中。如 7.1 节所讨论的，在一个空间环境中呈现来自各种资源的信息在调查水质异常时是有用的。有关仪表盘的功能和设计的附加信息，可参考《水质监测和响应系统仪表盘设计指南》。

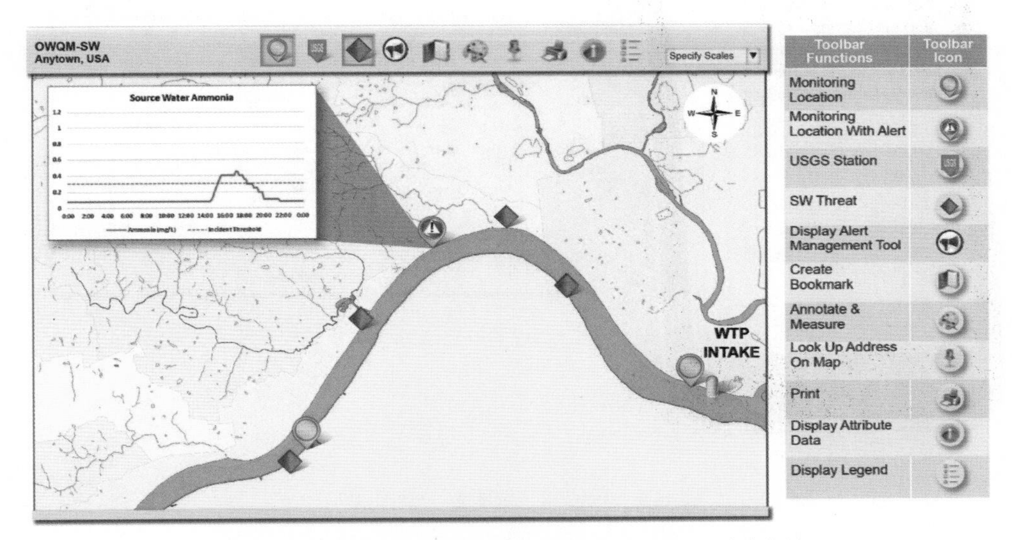

图 6-3　显示警报状态和趋势图的 OWQM-SW 系统点位

为了支持实时分析 OWQM-SW 系统数据，水质基线应定期更新，以反映最新的情况。当基线发生变化时，阈值或 ADS 设置将需要相应地更新。这些更新所需的频率取决于每个监测点位所监测参数的变化。例如，基线的更新可能与季节变化相一致。许多 ADSs 可以自动适应不断变化的基线作为学习算法的一部分。

当通过任意方法检测到潜在的水质异常时，OWQM-SW 信息系统应生成警报并通知操作人员需要注意的水质变化。由于操作人员可能没有时间频繁地检查生成的新数据，所以应该使用闪烁图标、电子邮件或文本消息来通知，在可能的情况下，通知应包含警报的详细信息（如时间、监测点位、警报参数、当前参数值）。图 6-4 显示了 OWQM-SW 系统警报的文本消息通知的示例，以及仪表盘系统提供的警报详细信息。

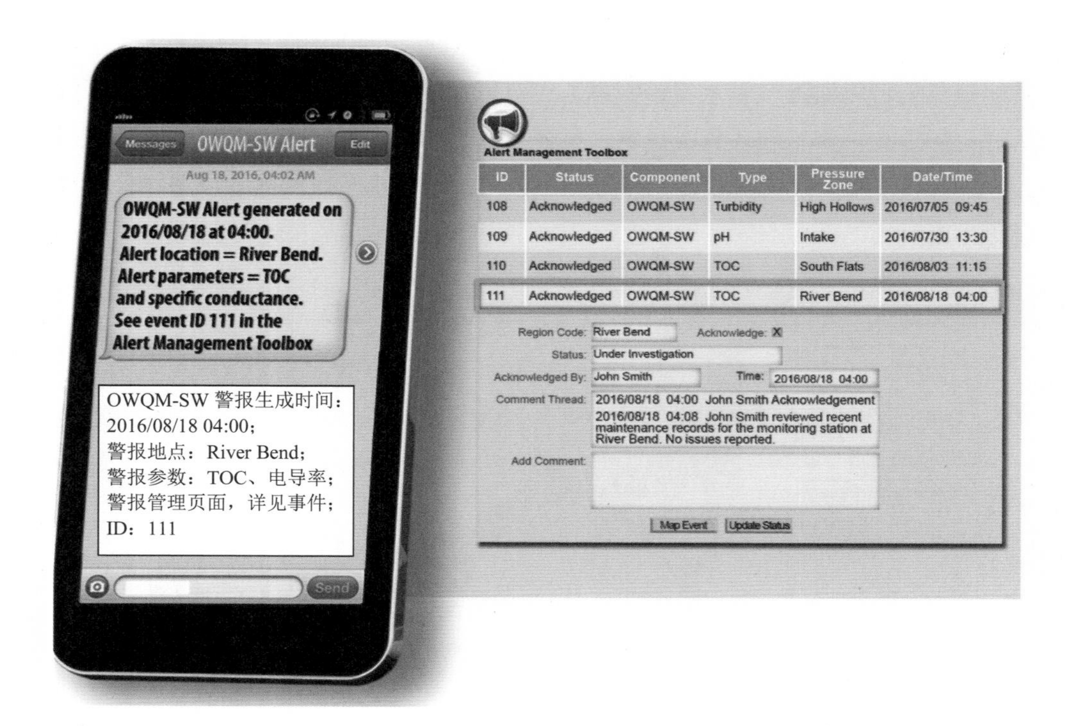

图 6-4 短信和“仪表盘”警报通知

（3）长期水质威胁监测的分析与可视化

监测长期水质的威胁需要对 OWQM-SW 系统多年的数据进行分析，以确定基线的趋势和持续变化。来自 OWQM-SW 系统多年的结果可以提供信息以便克服水质恶化对水厂运营和达成水质目标的阻碍。

对于特定的参数和点位位置，应分析多年来的数据，以便在统计学上将典型的季节变化和基线区分开来。在对每个点位的每项参数进行特征描绘后，可以进行系统地分析，以确定：①特定监测点位上多个参数的基线是否发生了变化；②特定参数的基线是否在多个监测点位上发生了变化。这些结果有助于评估这种变化是在整个水源地和流域普遍存在还是仅限于某一特定地区。

可以使用各种可视化和统计方法来确定参数基线发生了显著且持续的变化，例如图表分析、假设检验、相关性和趋势分析，如表 6-1 所示。适合描述长期水质特征的统计分析方法详见《水资源统计方法》。

表 6-1　描述长期水质特征的统计分析方法

分析类型	统计方法	示例应用
图形数据分析	趋势图	显示数据的时间变化趋势
	柱状图	按有意义的分类显示数据
	箱线图	比较来自不同监测点位的 OWQM-SW 统计数据
	散点图	探索两个参数之间的潜在关系，如流速和浊度
假设检验（非参数化的）	*T* 检验	确认特定参数在一定一段时间内发生了变化
	秩和检验	确定两个不同点位的参数值是相似还是不同的
	配对测试	确定一个参数是否每年都有变化
关联	相关系数	建立两项参数之间的关系强度，例如游憩河流的娱乐使用和水源水的浊度
	线性回归	确定两项参数之间是否有统计学上显著的关系，如水源水 TOC 和浊度
	多变量分析	考虑多个变量对系统或处理流程的综合影响
趋势分析	Mann-Kendall 检验	确定数值是只增加还是只减少
	季节性肯德尔检验	考虑季节变化，确定参数是否随时间变化而变化

图 6-5 展示了长期水质的趋势图。该图月度 TOC 平均值为蓝实线，年度 TOC 平均值为红虚线。在这张图表中，我们可以清楚地看到 10 年间 TOC 年平均值的增长趋势。这是探索潜在趋势的一种较简单的可视化方法，这种简单分析的结果可用于更复杂的统计方法，如表 6-1 所示。

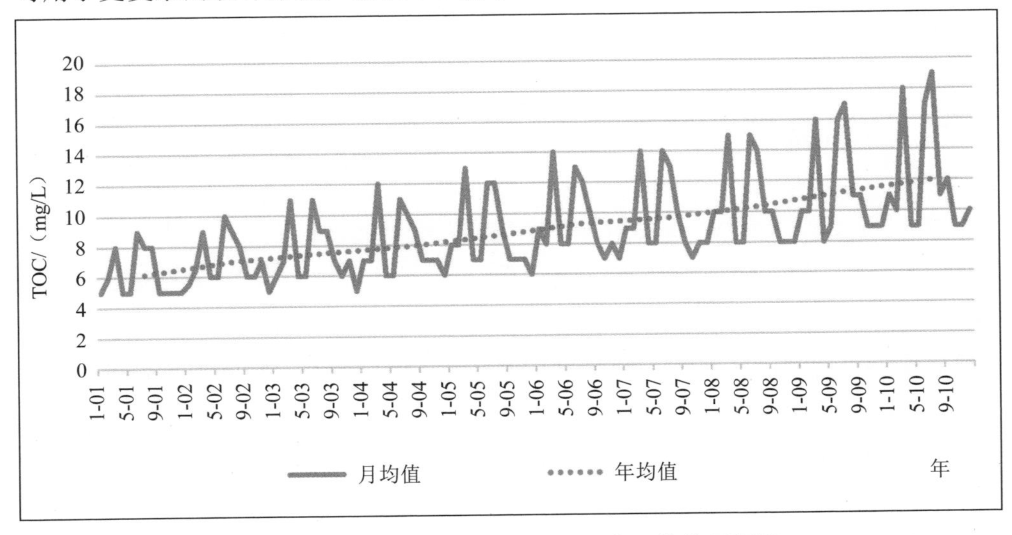

图 6-5　水源水 TOC 的月平均值和年平均值示例图

在流域中的多个位置进行监测时，基于 GIS 的展示界面可以提供整个监测区域参数变化的概况。图 6-6 是一个流域的 GIS 展示界面，监测点位用不同颜色展示 10 年内 TOC 的变化情况。

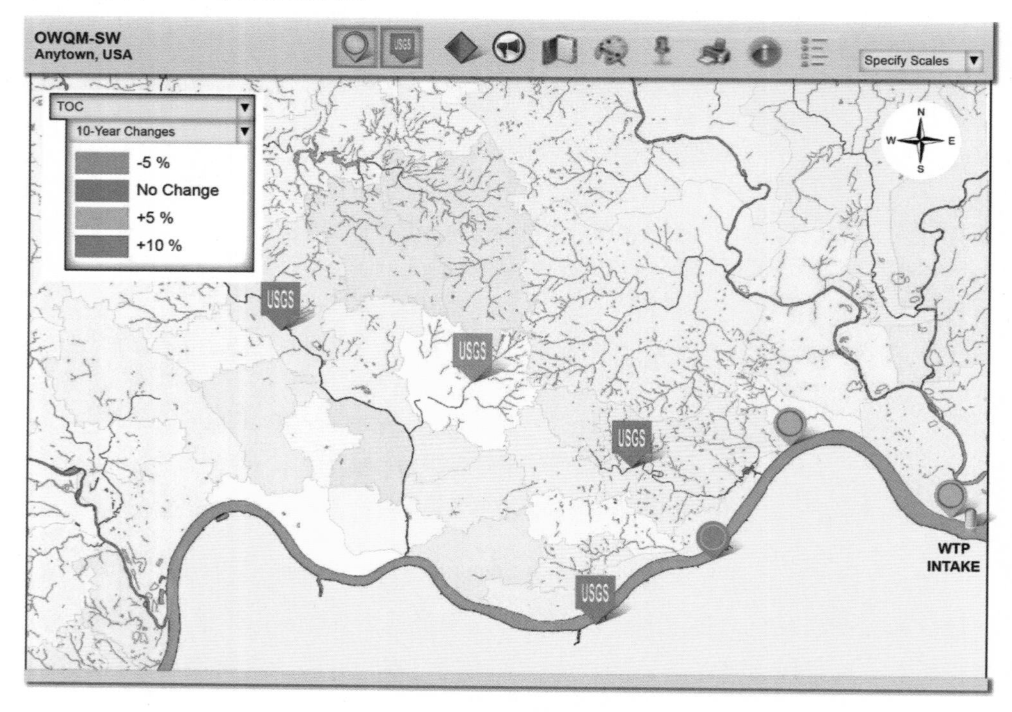

图 6-6　10 年间 TOC 变化的地理空间展示图

6.2 信息管理系统架构

可以将 OWQM-SW 信息管理功能集成到现有的信息管理系统中，也可以开发专用的 OWQM-SW 信息系统。在任何一种情况下，系统都应该是集中化的（如水厂的控制中心），数据将从远程监测点位传输到这个集中的系统。信息管理系统的设计将嵌入在体系结构中，体系结构则是硬件、软件和过程的概念表达。

本书涉及的几种 OWQM-SW 信息管理系统体系结构包括：

（1）SCADA 系统。将 OWQM-SW 功能集成到现有的 SCADA 系统中。

（2）专用的信息管理系统。建立专用的信息管理系统，以提供 OWQM-SW 所需的功能，如分析、通知和可视化。

（3）基于云的解决方案。使用云服务来提供 OWQM-SW 所需的功能。

SCADA 系统

监测站可以被整合进现有的 SCADA 系统中，例如用于监测和控制污水处理厂的系统。熟悉 SCADA 系统将有助于我们便捷且经济地整合 OWQM-SW 生成的数据。如图 6-7 所示，是一个 SCADA 架构扩展了 OWQM-SW 的示例。这种设计利用了现有的 SCADA 组件，例如用于数据存储的数据库和用于可视化的人机界面（HMI）。监测站也可以使用与现有监测项目相同类型的可编程逻辑控制器（PLC）进行监测和控制。然而，现有的 SCADA 系统可能会对 OWQM-SW 信息管理施加一些限制，例如可视化的功能、允许访问 HMI 的用户数量，以及水质仪器类型。此外，水厂信息安全政策会管控对外连接，限制了对了解水源和协助调查有用的外部信息源的连接。

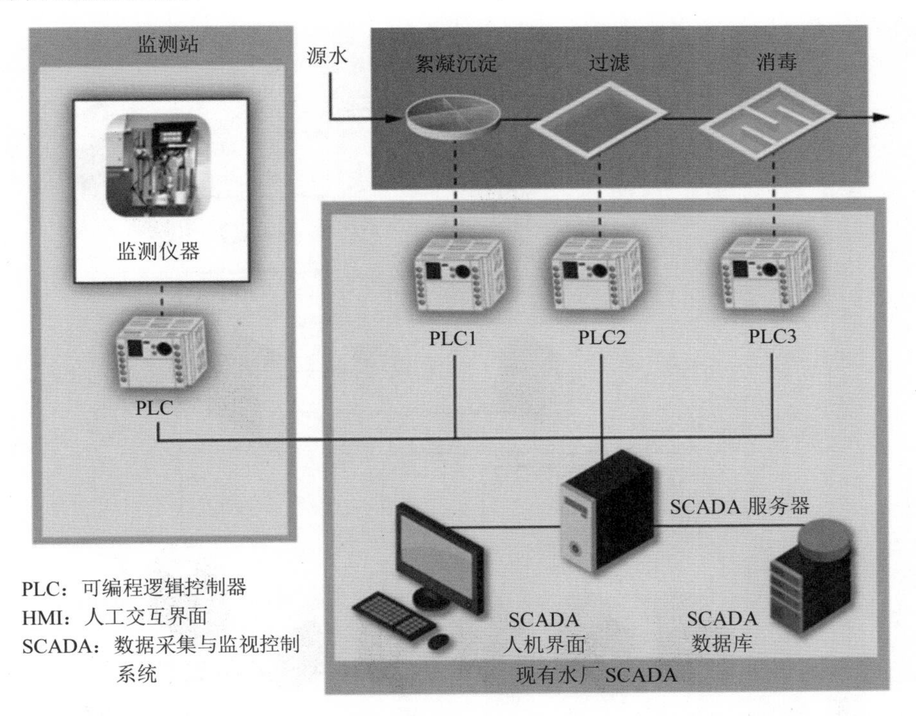

图 6-7　OWQM-SW 信息管理作为现有 SCADA 框架的扩展部分

（1）专用信息管理系统

OWQM-SW 专用信息管理系统在以下情况下可以发挥作用：

①OWQM-SW 生成的数据很难存储在 SCADA 数据库中。例如，多种波长的光谱吸光度会生成一个由 256 个数据点集组成的光谱剖面。一些 SCADA 数据库的设计对于存储这样的数据并不理想，但是可以构建备用数据库结构来有效地存储这些复杂的数据流。

②OWQM-SW 会要求访问网络上的数据，而 SCADA 系统由于安全政策而无法访问这些数据。例如，通过互联网连接显示天气数据或 USGS 流速数据可能会妨碍 SCADA 的使用。

③需要远程访问 OWQM-SW 数据，但安全策略禁止远程访问 SCADA 系统。

使用专用的 OWQM-SW 信息管理系统为实现所需的功能提供了更大的灵活性，它能够与水厂内部和外部的其他信息管理系统连接。图 6-8 展示了 OWQM-SW 专用信息管理系统的概念架构，该系统与处理厂 SCADA 系统、实验室信息管理系统（LIMS）以及美国国家气象局和美国地质调查局的外部数据相连接。这种类型的架构还可以结合更强大的分析以及可视化工具来协助调查过程。

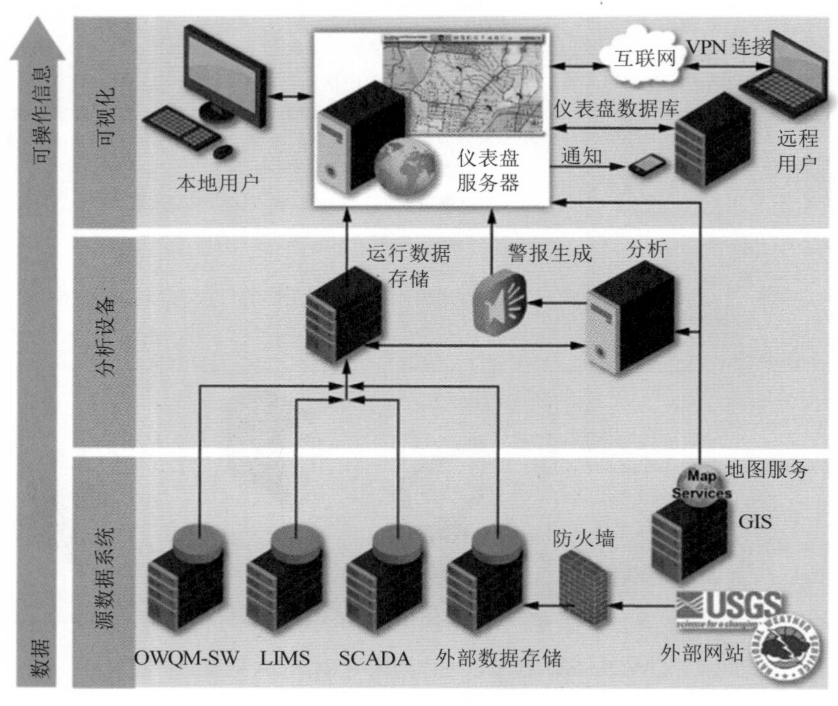

OWQM-SW：在线水源水质监测系统　LIMS：实验室信息管理系统　SCADA：数据采集与监视控制系统

图 6-8　一个专用 OWQM-SW 信息管理系统的示例

（2）基于云的解决方案

基于云的解决方案为 OWQM-SW 信息管理提供了另一种选择。基于云的解决方案有以下三种类型：

①由第三方拥有和维护的托管云，水务公司只需支付其使用的部分，通常是以租赁的方式。

②水务公司的私有云，使用云技术提供所需的服务。

③许多水质仪器供应商会提供专有云，用于仪器交互并收集生成的数据。

基于 SCADA 和专用的 OWQM-SW 信息管理系统都可以使用云技术来实现。

对于希望将信息管理系统的开发和操作外包给第三方而不是自主维护信息技术（IT）基础设施的水务公司来说，托管云可能很有吸引力。这种方法可以加速 OWQM-SW 信息管理系统的建设。托管系统的主要优点是水务公司不需要为系统购买硬件和软件，因此所需的资本支出很少。

私有云提供的功能与托管云相同，区别是水务公司自身持有相关硬件和软件。这将提高资本支出，当然，私有云将完全由水务公司控制。

仪器厂商提供的专有云被用于收集、存储和处理数据，并为其特定的传感器提供用户界面。此服务通常提供一种低成本且易于使用的方法，用于手动或自动直接访问每个设备的数据，这在部署少量设备时非常有用。但是，当专有云中的数据需要与其他水务信息管理系统中的数据集成时，这种方法可能会带来困难。在许多情况下，这种集成可能需要开发独特的软件（通常被称为“侦听器”软件），以识别已上传到云中的新数据，并将其转移到水务系统进行进一步处理和存储。

6.3　信息管理系统要求

OWQM-SW 信息管理系统对于每个水厂来说都是独一无二的，部分原因是现有的信息管理系统能力有所不同，负责开发和使用信息管理系统的人员专业水平不同，可用于开发 OWQM-SW 信息管理系统的资源也不同。每个水厂还为 OWQM-SW 建立独特的设计目标和性能目标。这些因素共同影响了水厂工作人员使用 OWQM-SW 信息管理系统的方式，从而影响需求。

为开发一个符合用户期望且在用户需要时提供所需信息的信息管理系统，必须建立信息管理系统需求。本节参考《SRS 集成指南》4.2 节中一个由最终用户驱动、系统的需求建立和信息管理系统选择流程。

OWQM-SW 信息管理系统需要明确两类需求：

①功能需求定义了最终用户所能看见的系统关键特性和属性。功能性需求包括访问数据的方式、可以通过用户界面生成的表格和图表的类型、向水厂工作人员发送警报的方式，以及生成自定义报告的能力。功能需求应该由最终用户来告知。

②技术需求是系统属性和设计特性，通常不容易被最终用户看到，但对于满足功能需求和其他设计约束来说是必不可少的。技术需求包括系统可用性、信息安全和隐私、备份和恢复、数据存储需求和集成需求等属性。技术需求通常由 IT 人员确定或参照 IT 行业标准。

（1）功能需求

在开发功能需求之前，应该确定 OWQM-SW 信息管理系统的预期用途。预期用途是用户期望与系统交互的方式。例如，用户可能希望每天查看最近的水源水质数据来指导处理厂的运行，获得异常水质情况的通知，并访问各种信息资源以调查水源水质异常的原因。信息管理系统的预期用途将指导详细功能需求的开发，如表 6-2 所示。

表 6-2　OWQM-SW 信息管理系统功能需求示例

标题	描述
介绍监测站运行状态	在 GIS 显示地图上，使用彩色图标来标识每个监测站的当前运行状态： • 绿色——运行正常，系统功能正常； • 黄色——部分子系统（如传感器）故障； • 灰色——监测站通信失败，假设离线； • 红色——监测站点产生 ADS 警报
鼠标悬停后下拉弹出框	当用户将鼠标悬停在地图上的一个图标上时，会出现一个弹出框，显示与图标相关的详细数据（如值、时间、位置、仪器状态）。弹出框中有一个超链接，可以在用户界面中打开查看详细的历史数据（如监测参数的趋势图）
外部数据源	OWQM-SW 信息管理系统将提供链接，并从以下网站获取最新的信息： • USGS 河流流速和水质数据； • 国家气象局数据

标题	描述
图层显示	可以同时显示多个图层。可以同时显示的图层包括： • 监测站位置和状态； • 当前水源流速数据； • 从抓取的样本中获取最新的水质数据； • 泄漏报告
生成监测站的报告	报告可以在任何时间段手动生成，并且可以选择相应的站点生成报告，其中包括该站点参数的箱线图和站点设备诊断的统计数据
远程访问	通过安全链接，可以使用智能手机或平板电脑等移动设备远程访问通知和汇总信息
自动化 报告生成	系统将自动生成可定制的报告，即使在报告期间没有产生警报，也会提供验证数据、分析输出、趋势图和统计摘要
参数调整	该系统将包括一个用户界面，以便用户能够轻松地调整关键参数和显示功能，而无须修改底层代码

（2）技术要求

技术需求通常依赖功能需求，应该在功能需求确定之后开发。通常，技术需求的开发是 IT 人员的责任，他们考虑满足 OWQM-SW 信息管理系统设计功能需求所必要的技术。技术需求也将根据 IT 政策（如安全协议），随着时间的推移对系统进行调整以合并新功能、数据流和特性的需求来引导。技术要求示例如表 6-3 所示。

表 6-3 OWQM-SW 信息管理系统技术要求示例

标题	描述
加密	所有与 OWQM-SW 信息管理系统的交互将通过安全套接字层 SSL 进行加密
地图服务利用率	OWQM-SW 信息管理系统将能够使用可配置的地图服务列表读取和显示水厂的 GIS 地图服务
可操作数据存储规模	可操作的数据存储将为 OWQM-SW 信息管理系统提供最近 90 天的数据访问
参数数据存储	OWQM-SW 信息管理系统将为光谱图（每个样本 256 个数据点）和毒性监测器提供数据流存储

标题	描述
外部数据源	国家气象局和美国地质调查局的数据将通过安全连接访问。与特定水源威胁相关的信息资源（例如，溢流报告、水源威胁的泄漏检测警报、排放速率）将通过安全链接进行访问
设计的灵活性和适应新需求的能力	由于 OWQM-SW 系统将分阶段实施，并在未来进行扩展，因此系统将具有整合额外数据流、监测点位和外部数据源的灵活性

“信息管理需求开发工具”是一个软件包，旨在帮助用户建立信息管理系统的需求，并确定需求的优先级。“信息管理需求开发工具”可用于开发 OWQM-SW 信息管理系统的需求，并制定相关文件。该工具包含支持 OWQM-SW 信息管理系统的常用功能和技术需求。它还提供了一个特别功能，用于生成功能和技术需求的综合列表，可用于开发设计或投标文件。

第 7 章　调查及响应程序

当使用 OWQM-SW 数据指导水厂进行处理流程决策和水质异常响应时，需要对水源水质变化的原因进行调查，制定程序来指导这些活动。

目标能力

开发一个对 OWQM-SW 警报进行及时且有效调查的流程，形成文件并付诸实施。

对于短暂的水质异常和持续的、长期的水质变化，调查和响应措施将有所不同。因此，本章提供了两个不同流程的指导，简要描述如下：

①对 OWQM-SW 警报的调查和响应。本程序支持优化处理和污染事件的检测。这两个设计目标都依赖于检测到瞬时水质异常时产生的警报。该程序涉及对警报进行调查，以确定警报的原因，并立即采取措施应对水质变化。响应措施的例子包括调整处理过程设置以保持最优化处理，或当水源已被污染时关闭取水口。制定本程序的指南见第 7.1 节。

②调查和应对长期水质变化。这一程序支持对长期水质威胁进行监测。它将对水源水质的持续变化进行调查，确定原因并为制定长期战略提供支撑信息，以应对水源水质基线发生重大变化。该策略的一个示例是实施径流控制方案，减少非点源污染的污染物负荷。7.2 节提供了如何制定本程序的指南。

一旦根据相关设计目标制定了调查和响应程序，就应该在付诸实践之前对其进行测试和改进。7.3 节提供了实施这些程序所需步骤的指导，包括培训、试行和实际操作。

7.1 对 OWQM-SW 警报的调查和响应

对于那些依赖迅速响应水源水质瞬时变化的 OWQM-SW 设计目标，如优化处理和污染事件的检测，OWQM-SW 信息管理系统应包括识别异常和实时生成警报的功能（见 6.1 节）。本节提供了关于建立调查和响应 OWQM-SW 警报程序的指南。这一程序应包括下列内容：

①警报调查过程。一个详细的、有序的流程，用于调查警报的原因，并收集支撑调查的信息资源。

②优化处理流程的响应措施。根据水源水质的变化，对处理过程进行调整以保持最佳效果的流程。

③检测污染事件的响应措施。对可能发生的水源污染事件作出响应的决策过程。

④角色和职责。所有参与警报调查或水质异常响应的人员名单。

（1）警报调查过程

警报调查过程可以在一个图表中直观地表示出来，该图表显示了从开始到结束的步骤。这个简化的流程图能够让负责不同步骤的人员查看他们的工作如何支撑整个调查。警报调查流程如图 7-1 所示。

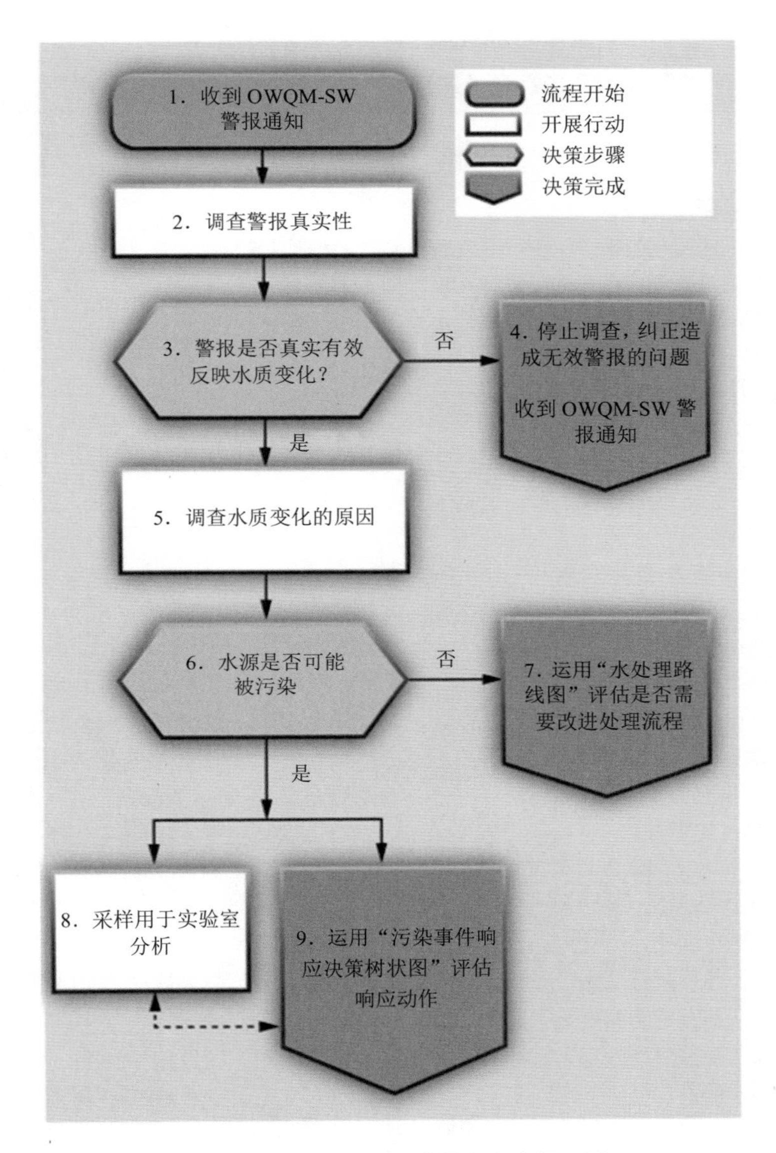

图 7-1　OWQM-SW 警报调查流程示例

表 7-1 对图 7-1 描述的警报调查流程步骤进行了说明。

①完成步骤的说明；

②完成该步骤的人员或职位；

③本步骤中需要参考的信息资源（说明如表 7-2 所示）。

表 7-1　OWQM-SW 警报调查流程示例

ID	名称	分配给	信息资源
1	指定人员收到 OWQM-SW 警报通知	值班水厂操作员	• OWQM-SW 用户界面 • 智能手机
2	调查警报的真实性。 评估最近的监测站维护记录，并将警报站点的数据与典型的设备故障进行比较。如果条件允许，检查监测站以确定其是否正常运作	仪器技术员	• 监测站维护记录 • 传感器诊断工具 • 已知的仪器故障数据趋势 • 监测站检查结果
3	OWQM-SW 警报是否有效，并反映水源水质的实际变化？ • 否——执行步骤 4 • 是——执行步骤 5	值班水厂操作员	• 第二步的调查结果
4	结束调查。 OWQM-SW 警报并不是由于真正的水质变化引起的。纠正导致无效 OWQM-SW 警报的问题	仪器技术员	• 调查结果保存在警报调查记录中
5	调查水质变化的原因。 检查可用的信息资源，以确定是否由下列原因导致 OWQM-SW 警报： • 水厂供应水源的改变 • 天气（如降雨） • 自然灾害（如洪水、火灾） • 已知污染事件（如泄漏）	水质专家	• 值班水厂操作员 • 国家气象局或当地气象站 • USGS 在线河流和流域数据 • 国家、州环境保护机构 • 泄漏报告热线 • 水体目视检查
6	水源是否可能受到污染？ • 否——执行步骤 7 • 是——执行步骤 8 和 9	水质专家	• 第 5 步的调查结果
7	评估是否需要修改处理工艺设置以保持最佳处理性能。 按照单独的程序来决定是否以及如何根据水源水质的变化来调整处理工艺设置	值班水厂操作员	• 处理工艺优化程序 • 处理路线图
8	收集样品进行现场或实验室分析。 按照单独的程序收集样品并决定如何进行分析	水质专家	• 取样和分析程序
9	评估应对措施，以减轻可能的污染后果。 按照单独的程序来决定如何应对可能发生的污染事件	水质专家	• 水源污染事件响应程序

表 7-2　在 OWQM-SW 警报调查中有用的信息资源

资源	描述
监测站维修记录	有关最近的维护活动、正在发生的传感器问题和以往传感器问题的信息
传感器诊断工具	有些传感器包含实时评估传感器性能的诊断工具
美国地质调查局的监测站	来自美国地质调查局的水质和河流监测站监测结果
流域监测项目	流域监测或监测项目（如正式的水源监测合作）以及非正式监测网络（如公民科学行动、实地观察）的结果
国家气象局	流域和上游地区影响流域水质的当前和最近的天气状况
本地天气监测站	比美国国家气象局提供的数据更精确的该流域本地气象监测站数据
国家环保机构	正在进行的环境监测项目（如营养物污染、藻华）、环境紧急情况（如洪水、火灾）和管制排放的报告
泄漏报告热线	近期泄漏进水源的报告
水源威胁的业主/经营者	来自泄漏检测系统的警报，最近水源威胁事件的报告，以及对当前设施运行的观察
其他水厂信息管理系统	来自运行控制系统和工作管理系统的信息，这些信息能反映可能导致水源水质变化（例如，污水处理厂水源供应的变化）水厂活动

在警报调查过程结束时，应记录警报的原因。常见的告警原因如表 7-3 所示。原因分为无效警报（由水质真实变化以外的事物触发）和有效警报（由水源水质真实变化触发）。无效警报通常比有效警报发生得更频繁，特别是在系统启动的初始阶段。

表 7-3　OWQM-SW 警报无效和有效的常见原因

警报原因		描述
无效的警报	设备问题	由传感器维护活动、传感器故障、断电或数据传输错误引起的不准确的数据 如果流通池的水供应中断，可能产生不准确的数据 浸入式传感器如果没有浸没在水中或埋在沉积物中，可能会产生不准确的数据

警报原因		描述
无效的警报	数据分析问题	数据分析系统的误差，导致即使数据是准确的，并且数值变化在正常范围内，也会生成警报
有效的警报	水源供应的改变	对于使用多种水源的污水处理厂，供水水源的变化会引起水质变化
	天气	由天气事件（如降雨、积雪融化）引起的水质变化
	自然灾害	由自然灾害（如洪水、火灾、山崩等）引起的水质变化或污染事件
	环境条件	由环境条件（如湖泊水体翻转、藻华）引起的水质变化或污染事件
	排污	由雨水排水口、污水排水口或其他 NPDES 许可排放造成的污染事件
	泄漏	由来自水源威胁（如化学品储存设施、船舶）的溢出或未经授权排放造成的污染事件

如果警报被确定是有效的，但与污染无关，则需对水质变化进行评估，确定它是否会影响水处理厂实现处理目标。

如果触发警报的水质变化的所有合理原因都被排除，则可以认定存在污染。此时，应采集和分析样品，尝试确认和识别污染物，并启动污染事件响应程序。

（2）优化处理流程的响应措施

如果有效警报的调查结果显示水源水质的变化不是由于污染造成的，那这种变化可能仍然需要进行响应以达到最优处理的目的（图 7-1 中的步骤 7）。这种响应通常由处理路线图或处理过程模型指导进行。

处理路线图是根据 OWQM-SW 生成的信息来调整处理流程以实现处理目标的一系列指令，这些指令通常使用全面运行时的历史数据来确定最佳处理流程设置和特定水源水质类型之间的关系。通常，使用多种水质参数（如浊度、TOC、碱度、pH）来确定水源水质类型。处理路线图指定了水源水质参数值的范围，在此范围内，一套相应的处理流程设置将实现既定的处理目标。如图 7-2 所示，一个处理工艺优化程序基于 OWQM-SW 数据，指导处理路线图的应用。

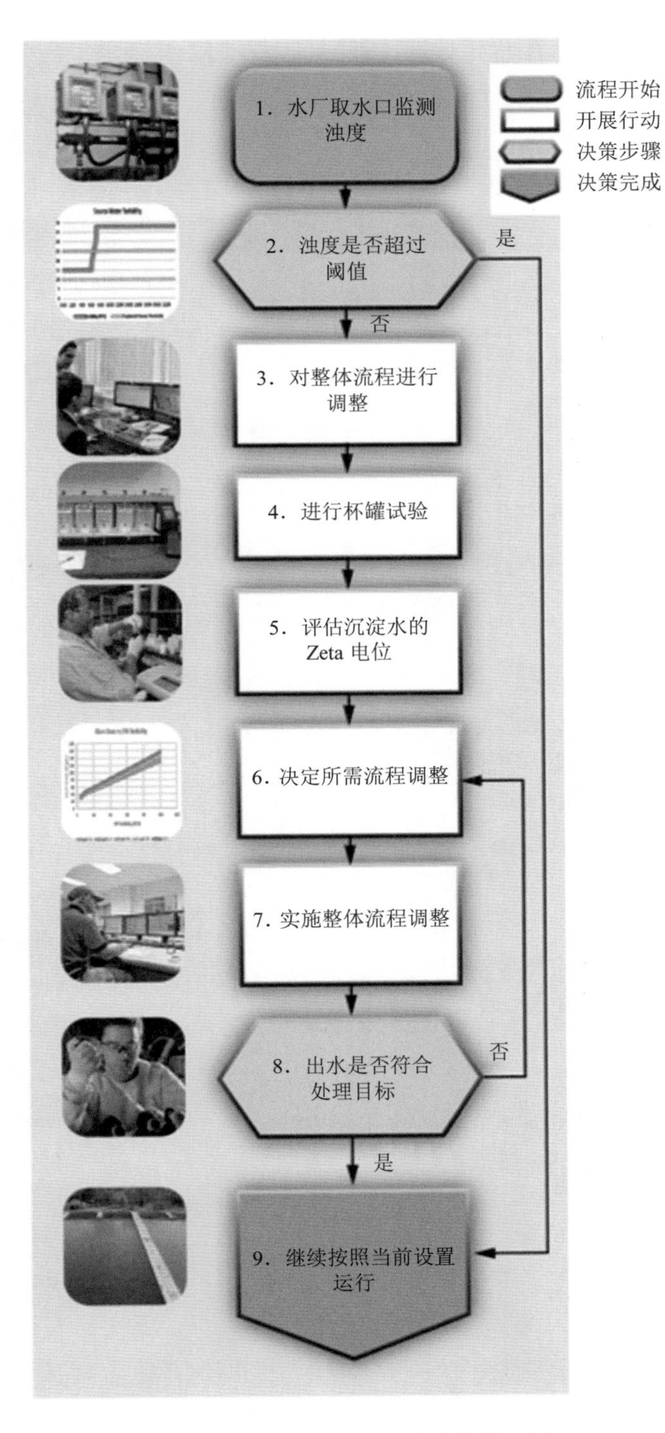

图 7-2　优化处理工艺流程图示例

表 7-4 描述了图 7-2 中优化处理流程的各个步骤，并列出了每个步骤所需的职责和信息资源。

表 7-4　优化处理流程优化过程描述

ID	名称	分配给	信息资源
1	检测并验证了浊度的真实变化	值班水厂操作员	• OWQM-SW 用户界面 • 智能手机
2	浊度数据是否在当前处理工艺设置的阈值范围内？ • 是——执行步骤 9； • 否——执行步骤 3	值班水厂操作员	• OWQM-SW 用户界面 • 处理路线图或标准操作程序
3	对全面处理过程进行初步调整 使用处理路线图、标准操作程序或由操作人员判断，调整处理过程设置，以处理新水源的水质	值班水厂操作员	• 处理路线图或标准操作程序
4	执行杯罐试验 对水源水进行杯罐试验，使用的剂量范围可能包括处理新水源水质所需的剂量	水质技术员	• 杯罐测试标准操作程序
5	评估沉淀水的 Zeta 电位 测量杯罐测试中沉淀水的 Zeta 电位，并与水厂整体沉淀水的 Zeta 电位进行比较	水质技术员	• Zeta 电位测量程序
6	确定所需的流程调整 使用杯罐测试和 Zeta 电位测量的结果，以及处理路线图，改善水厂的处理流程设置	值班水厂操作员	• 步骤 4 和步骤 5 的结果 • 处理路线图或标准操作程序
7	实施全面的工艺调整 执行步骤 6 中确定的流程调整，并监视流程，以确定流程调整是否将流程调整到最优性能的范围	值班水厂操作员	• 处理路线图或标准操作程序
8	出水是否达到处理目标？ • 是——执行步骤 9； • 否——执行步骤 6	值班水厂操作员	• 处理流程的监测结果
9	在当前的处理工艺设置下继续运行	值班水厂操作员	无

优化处理流程的另一种替代方法是使用处理流程模型，该模型可用于预测最佳处理流程的设置。如果处理流程模型链接到 SCADA 系统，它可以自动调整处理流程设置，以保持最佳的处理效果。

处理流程监测可用于确认处理流程的调整是否达到预期效果，可以通过在线仪器或采样分析出水水质来确认。此外，操作人员通过目测絮凝（絮团大小）和沉降（絮团残留）可以了解流程是否正常运行。如果监测结果显示处理流程未达到处理目标，则需进一步调整处理流程。

（3）检测到污染事件的响应措施

如果有效警报的调查结果是水源可能受到污染，则应按照图 7-1 步骤 8 所示，实施采样和分析活动，以确认污染确实已经发生，查明污染物，并确定其浓度。《建立实验室应对饮用水污染能力指南》介绍了在污染事件中如何选择分析方法和实验室来检测需要关注的污染物。

如图 7-1 第 9 步所示，应对措施应根据其降低污染事件对水厂及其客户造成的后果来进行评估。能否对水源污染事件作出正确的响应决策取决于若干因素，例如：

①水源污染消息的可信度；

②污染物的成分是否已知，污染物的特征是什么；

③水污染给水厂及其客户带来的风险；

④水厂可用的响应选项；

⑤实施响应措施的后果（如对卫生、消防、企业、当地经济的影响）。

做出这些响应决策的逻辑可以被编制成决策树，如图 7-3 所示。

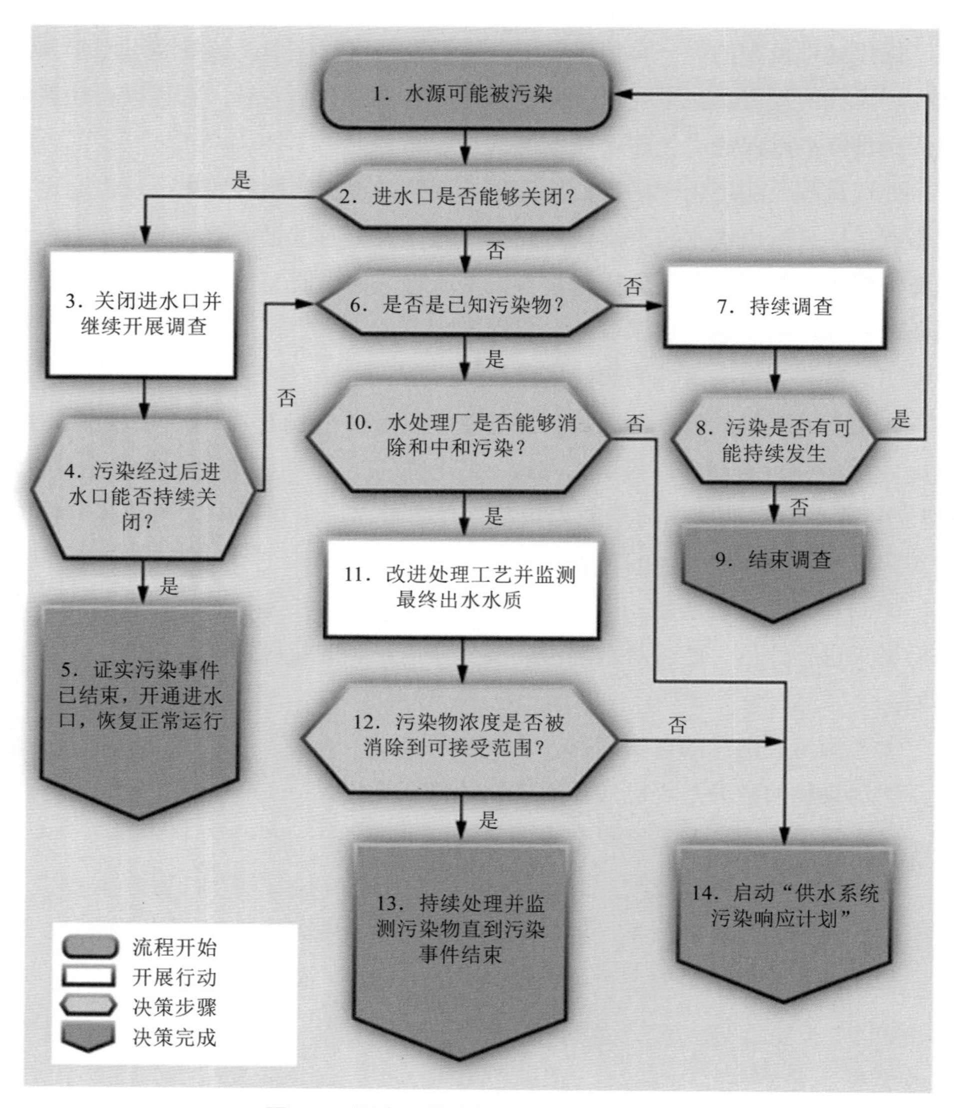

图 7-3 源水污染事件响应决策树示例

表 7-5 描述了图 7-3 中污染事件响应决策树的步骤，并列出了每个步骤所对应的职责和信息资源。

表 7-5　源水污染事件响应决策树描述

ID	名称	分配给	信息资源
1	**水源可能受到污染** 污染水可能已经进入在用的取水口	水质主管	• OWQM-SW 用户界面 • 智能手机
2	**取水口是否可以关闭？** • 是——执行步骤 3； • 否——执行步骤 6	水处理主管	• 当前原水储备 • 是否有其他水源或取水口
3	**关闭取水口，继续调查** 确定取水口可以关闭多久。 确定污染水将对水厂构成风险的时长	水处理主管 水质主管	• 当前系统储备和需求 • 关于污染事件的信息
4	**取水口能否在污染事件结束前保持关闭？** • 是——执行步骤 5； • 否——执行步骤 6	水处理主管	• 估计库存耗尽的时间 • 估计污染事件离开取水口的时间
5	**确认污染事件已经结束，打开取水口，恢复正常运行** 在取水口收集样本，分析疑似污染物或指示物	水质主管	• 采样和分析结果 • 关于污染事件的信息
6	**污染物的成分是否已知？** • 否——执行步骤 7； • 是——执行步骤 10	水质主管	• 关于污染事件的信息
7	**继续调查** 收集信息并收集样本进行分析，以确定污染物（或排除潜在污染物）	水质主管	• 关于污染事件的信息 • 调查程序和资源
8	**是否还有发生污染的可能？** • 否——执行步骤 9； • 是——执行步骤 1	水质主管	• 关于污染事件的信息 • 采样和分析结果
9	**结束调查** 已排除污染。结束调查，恢复正常运行	水质主管	• 调查结果记录在警报调查记录中
10	**处理厂能否去除或中和污染物吗？** • 是——执行步骤 11； • 否——执行步骤 14	水处理主管	• 水污染信息工具 • 可处理性数据库
11	**改进处理工艺，并监测最终水质** 与利益相关方协商，确定成品水中可接受的污染物浓度。从成品水中采集样品进行分析，并安排实验室快速分析	值班水厂操作员 水质技术员	• 健康警告 • 处理工艺标准操作程序 • 取样和分析程序

ID	名称	分配给	信息资源
12	**污染物浓度是否已降至可接受的水平？** • 是——执行步骤 13； • 否——执行步骤 14	水质主管	• 采样和分析结果 • 饮用水主管机构和其他利益相关方的意见
13	**继续处理和监测污染物，直到污染事件结束** 收集水厂进水和成品水的样品，并分析目标污染物	值班水厂操作员 水质技术员	• 关于污染事件的信息 • 采样和分析结果
14	**启动“供水系统污染响应计划”** 如果被污染的水已进入或可能进入供水系统，应采取措施减轻后果并保护公众健康。这些措施记录在供水系统污染响应计划中	水质主管	• 供水系统污染响应计划 • 关于污染事件的信息 • 采样和分析结果

图 7-3 所示的污染事件响应决策树案例考虑了四种响应措施：

①关闭进水口可能是最有效的应对策略，防止污染的水进入水厂基础设施、接触客户。关闭进水口的能力将取决于备用水源的容量、供水系统与邻近水厂的互联性、供水系统储量、预期的客户需求和污染事件的预计持续时间。即使进水口只能关闭一小段时间，这一措施也为采样分析确定污染物及其浓度争取了额外时间。在理想情况下，进水口可以一直关闭，直到受污染的水不再对水厂或其客户构成风险。

②改进处理工艺去除或中和污染物可能是奏效的，这取决于污染物种类和工艺流程。但是，只有在已知污染物及其浓度时才考虑这个选项。水污染物信息工具和可处理性数据库可用于评估各种去除或中和特定污染物工艺的能力。如果采用这种应对策略，应采样并分析成品水，以确保污染物已被清除。

有害藻华

美国国家环境保护局的有害藻华网站提供了处理有害藻华的有用信息和资源。

③如果存在超标污染水已经进入供水系统的风险，应启动供水系统污染响应计划。供水系统污染响应计划是水厂应急响应计划（ERP）的附件，用于指导水厂对供水系统污染的响应决策。本阶段考虑的潜在响应措施包括隔离供水系统的不同部分，以最大限度地减少污染水的扩散；进行分流和冲洗，将污染水从供水系统中清除；通知公众并采取限制措施以防止客户接触受污染的水。可在《饮用

水污染事件响应指南》中找到制定供水系统污染响应计划的模板。

④无论是否对公众存在风险，都应在公众意识到事件之前启动风险沟通计划。一旦认为可能发生水源污染，应立即计划进行风险沟通。《建立水污染风险沟通计划》指导如何发布公共通知并与客户沟通。

角色和职责

在 OWQM-SW 警报的调查和响应期间，需要为每个行动的实施分配角色和职责。

对于水质变化频繁的水源，警报调查和优化处理的响应可能会有一定的规律性。因此，这些程序应纳入日常操作、角色、职责，尽可能与现有的工作职能相一致。以这种方式利用现有的专业知识将有助于降低培训次数，可使更多的人接纳新的职责。表 7-6 给出了调查警报和调整处理流程以获得最佳性能的角色和职责示例。

表 7-6　OWQM-SW 警报调查和优化处理中的角色和职责

角色	职责的描述
值班水厂操作员	• 接收警报通知 • 评估警报的真实性，并确定它是否反映真实的水质变化 • 通知参与调查的其他水厂人员 • 调整处理流程以保持最佳性能 • 监控处理过程以验证处理效果
水质技术员	• 执行杯罐试验 • 收集样品进行现场或实验室分析
水质专家	• 审查产生警报的水源水质数据 • 审查类似水质情况的往期警报调查结果 • 调查导致警报的潜在原因
仪表技术员	• 提供最近传感器问题和设备维护的信息 • 对产生警报的监测站进行现场检查，以确定其运行是否正常

在确定水源可能受到污染后实施的响应措施可能与正常操作有显著不同（如关闭一个进水口），通常需要比正常操作更高级别的授权。所以，水厂的高管团队会在决策中发挥作用。表 7-7 给出了处理水源污染过程中的角色和职责示例。一般情况下，在水厂的应急响应计划 ERP 中，会涉及其中的一些角色和职责。

表 7-7 处理水源污染过程中的角色和职责

角色	职责的描述
水厂董事经理（事故指挥官）	• 决定是否以及何时实施事故指挥系统 • 审查和批准重要的响应决定 • 指导和监督应对措施的实施
公共信息官	• 执行风险沟通计划 • 协调合作伙伴以及利益相关者之间的沟通 • 准备和实施公众通知计划
水质主管	• 协调取样和分析工作 • 调查已确认或可能的污染物的特征 • 对现场和实验室结果进行适当的 QA/QC 验证 • 决定是否以及何时实施供水系统污染事件响应计划
水处理主管	• 评估处理流程去除或中和污染物的能力 • 指导和监督响应措施的实施，如关闭进水口或改进流程
水质技术员	• 收集样品进行现场或实验室分析 • 帮助监控处理工艺的效果
实验室人员	• 对水样进行实验室分析

由于水源污染事件很少发生，将很少执行这些程序。为了熟悉这些程序，应每年至少演习演练一次，7.3 节描述了计划和实施演习的内容。

7.2 长期水源水质变化的调查和响应程序

为了能够监测长期的水质威胁，OWQM-SW 信息管理系统应包含一种在统计学上能够识别水源水质基线显著变化的手段。本节提供调查以及应对长期水质变化的指导。这一程序的要素包括：

①调查准则，指导调查水源水质持续变化原因的流程。

②响应准则，用于确定、评价和管理水源水质持续退化的策略。

③角色和职责，所有参与调查或响应水源水质持续变化的人员职责名单。

（1）调查准则

对长期水质威胁的监测需要分析以往多年的水源水质变化趋势，以确定水源水质基线的持续和不可逆的变化，这是通过使用 6.1 节中描述的技术对 OWQM-SW

数据进行常规分析来完成的。调查准则的目的是找到水质变化的原因，这将为制定缓解战略提供有用信息。

调查将分析水源水质发生长期变化的地点，以确定其地理范围。此外，发生水质改变的位置和参数有助于识别造成水质退化的水源威胁。必须查明水源水质持续变化的原因，以便评估这种变化对水厂运营造成的影响，并制定有效的缓解战略。这一过程将需要参考各种信息资源，如表 7-8 所示。

表 7-8 对调查水源水质持续变化有用的信息资源

资源	描述
国家气象局	过去数年主要天气变化（如气温、降水、多云/晴天）的趋势
当地气象监测站	如果国家气象局或其他气象服务提供的数据不足，位于该流域的气象监测站可以提供更详细的数据
气候适应性评价和感知工具（CREAT）	CREAT 使用气候模型来预测在各种气候变化情景下关键天气变量的变化。CREAT 产生的信息可作为水文模型的输入变量，用于估计水源水质的未来变化
工厂所有者/经营者	过去几年的排放数据，包括流量和质量
流域调查	流域调查通过步行、车辆或无人机进行，根据 OWQM-SW 生成的数据来确定潜在的污染源
重点采样和分析	采样任务的目的是根据 OWQM-SW 生成的数据，在有限的时间内提供特定区域的水质的全面表征
美国地质调查局的流域监测数据	过去几年的基本水质参数（如 pH、温度、电导率）以及流速和水深数据
流域监测项目	流域监测项目（如正式的水源监测合作）以及非正式监测网络（如公民科学行动、实地观察）的结果
流域利益相关者	流域利益攸关方和合作伙伴提供的关于流域公共健康、使用和特点的信息
土地利用地图和卫星图像	过去几年流域内土地使用的图示
土地利用预测	未来几年流域内土地使用规划的文件
水源水体物理变化	改变水体物理状况的人为或自然活动，如疏浚作业和改道

（2）响应准则

查明水源水质长期退化的原因可以为制定缓解或修复战略提供支撑。这些战略包括减缓水源恶化、扭转恶化或适应新的水质。最有效的策略将取决于水源威胁、流域和水厂资源的具体特性，但一些可预见的策略包括：

①通过减少流量或减少排放前的污染物浓度来降低特定点源污染的污染物负荷；

②通过诸如径流控制计划等策略，减少非点源污染的污染物负荷；

③说服地方当局和土地所有者改进土地利用方式，以减少流域内污染；

④根据预测的水源水质实施额外的饮用水处理措施；

⑤开发新的饮用水水源。

减轻水源水质恶化的方法将是战略性的，需要数年实施。这些战略应纳入现有的水源保护规划活动。有许多资源可用于支持当地水源保护行动，包括水源保护计划和水源协作组。

在实施了缓解策略之后，可使用 OWQM-SW 的数据来评估该策略的效果。如果预期的改变未能在合理的时间内实现，该策略可能需要改进或中止。

（3）角色和职责

需要为监测长期水质的每项活动分配角色和职责。这些活动的实施需要现场人员开展调查，规划者考虑可用的缓解战略，高级管理人员决定实施哪些缓解战略，利益攸关方落实水厂控制之外的战略措施。表 7-9 举例说明了监测长期水质威胁的角色和职责。虽然许多角色是水厂水务公司人员，但其他利益相关者也参与其中，如水上娱乐项目的管理者、土地使用经营者、地方监管部门和政府机构（如美国陆军工程兵团[①]）。

表 7-9 监测长期水质威胁的角色和职责

角色	描述的职责
水厂董事经理	• 选择策略，以减轻水源水质退化的影响 • 确保有足够的资源来实施所选择的策略
水质经理	• 管理水源水质长期变化趋势的分析 • 监督水源水质持续变化原因的调查 • 评估减轻水源水质退化影响的策略
水质专家	• 对水源水质的长期趋势进行详细的评估 • 监督水质或流域调查，调查水源水质持续恶化的原因 • 在分析水源水质持续变化的原因时，综合考虑气候、天气和水质模型和预测的结果

① 美国陆军工程兵团是美国重要的水利机构，负责规划、管理、建设水利设施。——译者注

角色	描述的职责
工厂主管	• 评估现有或改进后的处理工艺是否能充分处理预期基准水质的源水
工程师和规划者	• 评估新的或改进后的处理工艺是否能充分处理预期基准水质的源水 • 提供长期计划的信息，设立保护水源的要求
社区和利益相关者	• 为保护水源水质的长期计划提供建议，并参与合作

由于这些活动具有长期性和战略性，这一程序的执行很可能是间歇和循序渐进的。例如，只有在分析人员确认了这种趋势后，才会对水源水质持续变化的潜在原因进行调查。此外，只有在查明水源水质变化的原因并确定其对水厂运行造成重大影响之后，才会考虑可用的缓解战略。

7.3　OWQM-SW 程序的实施

本节介绍了将 OWQM-SW 程序付诸实践的过程。建议的措施包括：

①培训和演习；

②试运行；

③实际运行。

（1）培训和演习

培训和演习是必要的，能确保所有参与 OWQM-SW 调查和响应程序的水务人员都知道他们的职责。建议培训程序应包含下列内容：

①OWQM-SW 目的和设计的概述；

②调查和响应程序的详细描述；

③检查清单、快速参考指南、用户界面和其他可用工具，以支持警报调查和响应活动；

④记录警报调查结果的指导说明。

《SRS 集成指南》第 6 节提供了实施培训和训练计划的指导。一般来说，在实施新程序期间，首先进行课堂培训帮助人员认识到他们的职责。一旦他们熟悉了程序，他们将在训练和演习这样的受控环境中实操。SRS 练习开发工具箱是一个交互式软件程序，用于帮助水厂设计和执行演习训练。

（2）试运行

在最初的培训之后，会有一段时间的试运行，允许人员在过渡到实际操作之前实践他们的职责。例如，可以要求工作人员在有时间的情况下分批调查警报，而不是在真的警报出现时才开始调查。试运行的时间长短将取决于人员熟练操作系统和履行程序规定的职责的速度，但建议至少是6个月的时间。

在此期间提供支持的一种有效方法是定期与所有调查人员举行会议，讨论最近的数据和警报。通常最有效的方法是要求参与者在每次会议之前进行具体的分析或警报调查，然后以小组的形式讨论结论、观察、见解和遇到的困难。随着该组织在开展调查方面获得更多经验，此类会议的次数可能会相应减少。

试运行提供了一个明确职责、简化程序、完善警报调查工具的机会，并更好地将 OWQM-SW 职责整合到现有的工作职能中。此外，在试运行期间，无效警报的比例可能比预期的要高，但是可以利用经验对 ADS 进行微调，在监测能力和无效警报的发生之间实现理想的平衡。

（3）实际运行

在实际运行期间，工作人员应充分履行职责，并在所有警报产生时进行调查。此外，如果确定警报有效，应执行 OWQM-SW 响应流程。从试运行到实际运行的过渡，包括执行调查的时间和预期，应该清楚地传达给参与 OWQM-SW 的所有人员。此外，工作日内必须分配足够的时间让工作人员在警报生成时进行调查。如果调整 ADS 减少无效警报，调查所需的时间则会缩短。

作为实际运行的一部分，调查和响应程序可能需要不断更新，以保持其有效性。更新程序的建议包括：

①指定一名或多名人员负责维护警报调查的材料；

②建立回顾计划（大多数情况下一年回顾一次即可）；

③回顾警报调查记录，进行纸上演练，并征求调查人员的反馈，以确定必要的更新；

④跟踪、回顾完成调查和实施响应措施所需的时间，如果发现时间不能满足要求，则更新程序；

⑤建立提交和跟踪变更请求的协议。

第 8 章　监测设计的案例

本章使用本书前几章中介绍的原则，介绍了一个 OWQM-SW 设计过程的假想示例。8.1 节介绍了总体的设计方法，而 8.2 节至 8.6 节介绍了每个设计元素。

8.1　设计方法

一个虚构的饮用水水厂——Anytown Water，使用河水和一个水库作为其水源。水厂采用常规处理工艺，包括预处理（PAC 和高锰酸钾）、混凝/沉淀（氯化铁）、过滤（双重介质）和消毒（游离氯）。

为了达成向客户承诺提供高质量的饮用水，Anytown Water 希望使用 OWQM-SW 数据来优化其处理流程。为此，建立以下处理目标：

①浊度目标。95%的时间达到 0.10 浊度单位（NTU）的滤池出水浊度水平。这一处理目标高于监管要求，旨在消除隐孢子虫和贾第鞭毛虫，并移除颗粒，防止其在消毒过程中保护其他病原体，削弱游离氯的杀菌效果。

②TOC 消除目标。通过强化混凝实现 50% TOC 的降低，这有助于实现将总三卤甲烷保持或低于最大污染物水平 75%的目标。

Anytown Water 公司还认识到，由于取水口上游河岸存在若干企业，可能会造成泄漏和其他污染威胁水源。因此，该水厂有意使用 OWQM-SW 数据来及时监测污染事件。此外，该公司希望监测水源水质的长期趋势，为水源保护战略的决策提供信息，并评估这些战略的实施效果。

基于这些考虑，该公司正在设计 OWQM-SW，以支持优化处理程序、监测污染事件，并监测长期水质威胁。性能目标将关注运行可靠性、信息可靠性和可持续性，作为评价实施 OWQM-SW 是否有效的指标。

为了使 OWQM-SW 的设计具有检测污染事件和监测长期水质威胁的能力，项目团队使用保护水源饮用水测绘应用 DWMAPS 来识别固定的威胁，并咨询美国海岸警卫队，以识别河流上的潜在移动威胁。通过这些信息资源，识别出了 20 多个潜在的水源威胁，并为每个威胁源收集并记录了 2.3 节中提及的特征。项目组进行了风险评估，考虑了污染事件可能造成的短期风险和对水质长期的威胁。风险评估后提出了最高水源威胁清单，这些威胁可能导致短期污染事件和水源水质的长期退化。评估一共识别出 5 个高风险的水源威胁，其中 3 个靠近河流、2 个靠近水库，如图 8-1 所示。表 8-1 和表 8-2 分别是高风险水源污染和长期水源水质威胁的风险评价结果汇总。

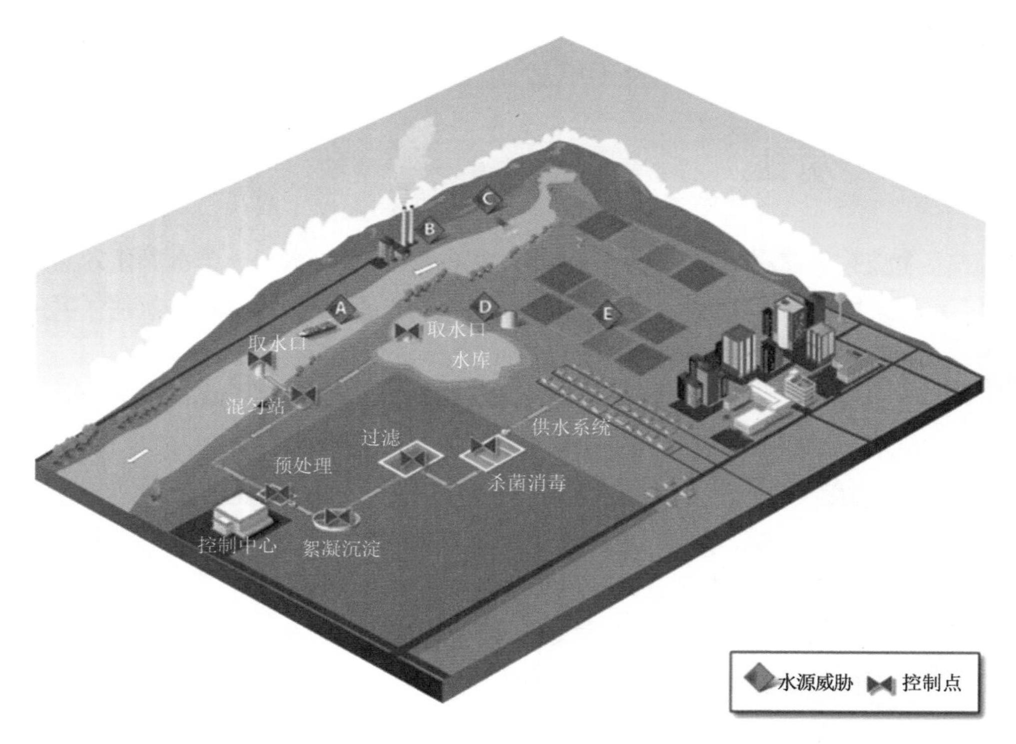

图 8-1 Anytown Water 水厂的高风险水源威胁的位置

表 8-1　Anytown Water 水厂水污染的高风险水源威胁

ID	水源威胁	潜在的污染物	风险评估评分的基本原理	风险分数
A	商业驳船（流动威胁-河流）	• 碳氢化合物 • 未知的有机物 • 未知的无机物	大量的燃料和未知的货物被储存在商业驳船上，沿着河流运输。 可能性。高：尽管在过去的 10 年中，水厂取水口上游的河流发生意外泄漏仅有几起，但在过去的两年中，商业驳船运输量翻了一番，增加了事故和泄漏的概率。 脆弱性。高：处理厂可以去除浓度在 mg/L 量级范围以下的碳氢化合物，然而，高浓度的碳氢化合物可能会淹没并击穿处理流程。此外，处理厂去除船货中可能存在的未知污染物的能力是不明确的。 后果。高：这些污染物中至少有一部分很可能会破坏水厂基础设施或穿过处理接触客户，并造成潜在的公共卫生问题。此外，碳氢化合物很难从供水系统和管道系统中清除，而修复却很可能是困难的、昂贵的和漫长的	35
B	石化设施（静止威胁-河流）	• 碳氢化合物 • 未知的有机物	大量的燃料油、柴油和少量的未知有机化合物储存在该设施的储罐中。 可能性。低：储罐周围有效的二级围堵设施应能控制储罐的泄漏。然而，泄漏的化学物质仍有微小的可能进入取水口上游 1 英里处的河流中。 脆弱性。中等：处理工厂可以去除浓度在低于 mg/L 级别范围内的碳氢化合物；更高的浓度可能会淹没并穿过处理。 后果。高：这些污染物中至少有一部分可能会破坏或穿过水厂基础设施接触客户，并产生潜在的外观问题。此外，碳氢化合物很难从供水系统和管道系统中清除，而修复却很可能是困难的、昂贵的和漫长的	25
C	污水排污口（固定物威胁-河流）	• 病原体 • 未知的有机物 • 未知的无机物	如果污水处理厂发生故障，可能会导致大量未经处理的污水进入河流。 可能性。低：污水处理故障很少发生，防止未经处理的污水排放的安全措施也是到位的。 脆弱性。中等：现有的处理工艺无法处理大量未经处理的废水所产生的高污染负荷。 后果。中度：虽然通过处理可以降低污染物浓度，但一些潜在的有害污染物很可能会穿过饮水厂，造成潜在的公共卫生问题	20

ID	水源威胁	潜在的污染物	风险评估评分的基本原理	风险分数
D	杀虫剂剂储存罐（固定威胁-水库）	• 杀虫剂	大量（100～1 000 加仑）农药储存在水库附近的农业设施中。 可能性。低：农业设施的储罐周围有二级围堵，而且储罐很少时候是满的。 脆弱性。低：处理厂可能有能力处理增加的污染物负荷，这取决于在进水口的源水中农药的浓度。 后果。中度：穿过饮用水处理厂的农药可能会造成潜在的公共卫生问题	15

表 8-2 Anytown Water 水厂水污染的高风险长期水源威胁

ID	水源威胁	潜在的污染物	风险评估评分的基本原理	风险分数
C	污水排污口（固定物威胁-河流）	• 病原体 • 未知的有机物 • 未知的无机物	由于未来五年内住宅和工业的增长，预计经过处理的废水排放量将增加。 可能性。高：模型预测，这些增加的排放量将降低河流的水质，导致病原体、未知有机物和未知无机物的负荷增加。 脆弱性。低：处理厂可能有能力处理退化的源水，尽管一些污染物可能会带来挑战。此外，由于气候变化的影响，入河径流以及处理后的废水的稀释也可能发生变化。 后果。中等：未能有效应对水质下降可能导致违反《安全饮用水法》（SDWA）以及客户无法接受的饮用水	30
E	农业径流（固定威胁-水库）	• 氨 • 硝酸盐和亚硝酸盐 • 磷 • 杀虫剂	农业径流的累积效应会不可逆转地降低水库的水质。 可能性。水库的工程设计最大限度地减少了流入水库的径流。 脆弱性。中等：如果径流积累的污染物开始富营养化，水库水质将很难恢复到可接受的范围。 后果。中度：受污染水源可能会增加有害藻华和其他严重水质问题的发生。可能有必要对处理计划进行修改，以保持可接受的成品水质	20

由于财力和人力的限制，Anytown Water 公司认识到其 OWQM-SW 系统项目需要在数年内分阶段实施。然而，该水厂希望在构建 OWQM-SW 系统的长期愿景的同时尽快实现效益，因此，它要确保系统第一阶段在一定程度上能够支持所有三个设计目标。在后期安装的监测站将提升 OWQM-SW 系统能力，以支持监测污染事件和监测对长期水质的威胁。

8.2　监测点位选择

满足设计要求的监测点位如图 8-2 所示。

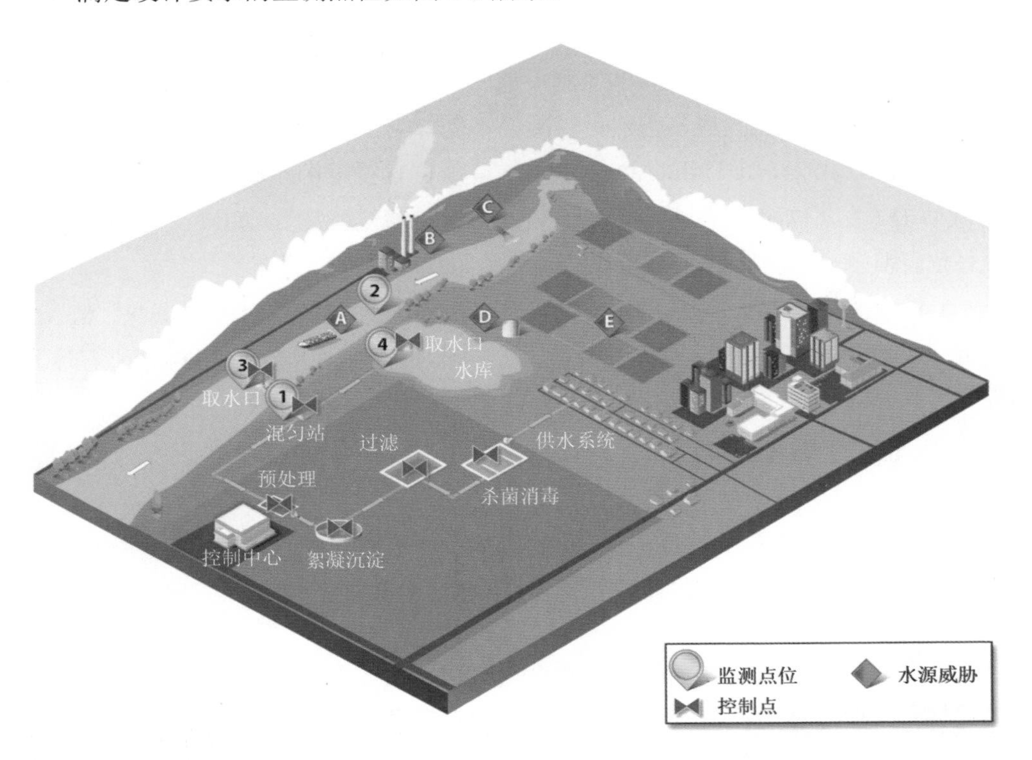

图 8-2　Anytown Wtaer 的监测点

如图 8-2 所示，该水厂的混合设施被认为是支持优化处理流程的潜在监测点位。为了确保该位置能够在足够的时间内提供 OWQM-SW 系统数据，以便对处理工艺进行调整，项目团队将混合设施和预处理接触池之间的水力行程时间与更改预处理操作所需的时间进行了比较。在正常生产条件下，混合设备与预处理工艺池之间的水力行程时间为 13 分钟。此外，作业人员还可以在 10 分钟或更短的时间内调查和验证 OWQM-SW 的警报，并调整预处理。因此，在混合设施的位置进行监测提供了足够的时间进行工艺调整，所以其被选为 OWQM-SW 1 号位置，以支持优化处理工艺。

项目小组评估了更多的监测点位，以支持监测污染事件。临界监测点被设定在河流取水口上游 0.25 mi * 处，如果在该点上游监测到污染事件，将有足够的时间关闭取水口。为了提供额外的响应时间，该公司将 OWQM-SW 2 号位置置于取水口上游约 0.75 mi（1.2 km）处，这既是临界监测点的上游，也是水源威胁 B 和 C（石化设施和废水排放口）的下游。OWQM-SW 3 号位置位于河流取水口设施内，用于监测水源威胁 A，监测 OWQM-SW 2 号位置和取水口之间发生的污染事件的移动威胁。虽然 3 号位置的监测不能为最佳响应提供足够的时间，但如果在该位置监测之后开展响应，仍然可以减轻不良影响。

如图 8-2 所示，项目组将 OWQM-SW 4 号位置置于水库取水口处，以监测水源威胁 D（农药储罐）。从水库到取水口的流速足够低，因此，如果在 OWQM-SW 4 号位置监测到污染事件，有足够的时间关闭水库取水口。

OWQM-SW 2 号、3 号和 4 号位置也可以用来监测对长期水质的威胁。位置 2 号和 3 号监测水源威胁 C（废水排放口），而 4 号位置监测水源威胁 D（农业径流）。

8.3 监测参数选择

监测参数是根据 Anytown Water 确定的设计目标选择的。为了实现优化处理的设计目标，项目组决定有必要对表 8-3 所示的参数进行监测，以达到处理目标。

表 8-3 Anytown Water 水厂优化水处理流程的参数选择

OWQM-SW 点位 1（混合设施）	
监测参数	参数选择的基本原理
DOC/TOC	需要水源水 DOC/TOC 浓度数据来确定完成浊度和 TOC 去除目标所需的混凝剂剂量
浊度	需要水源水浊度数据来确定完成浊度和 TOC 去除目标所需的混凝剂剂量
pH	需要水源水 pH 数据来确定完成浊度和 TOC 去除目标所需的酸剂量
温度	温度影响驱动混凝化学过程的平衡和动力，较高的温度通常能够增加混凝的效果

* 1 mi=1.609 344 km

为了检测污染事件和监测长期的水质威胁，参数的选择是由风险评估中确定的高风险水源威胁决定的。参数则是根据每个水源威胁对应的污染物选择的，如表 8-4 所示。

表 8-4　Anytown Water 选择用于监测污染事件和长期水质威胁的参数

OWQM-SW 点位 2（河道）		
监测参数	威胁 ID	参数选择的基本原理
碳氢化合物	A、B	碳氢化合物监测可以直接测定水源水中的碳氢化合物浓度
光谱吸光度	A、B、C	许多化学物质在 250～450 nm 的光谱范围内吸收。光谱吸光度的变化可以表明水源水中化学污染物浓度的增加
DOC/TOC	A、B、C	DOC/TOC 的增加可以表明受到有机化学品的污染
电导率	A、C	有些化学物质具有带电荷的官能团，这些官能团在溶于水时可以解离并形成离子。电导率的变化可以作为水源水中存在未知化学物质的指标
浊度	C	浊度的增加源于悬浮固体浓度的增加，这可以作为潜在微生物污染的一个指标
氨	C	氨可以提供一种直接的营养物测量方法，如果浓度足够高，这些营养物就能引发藻华
硝酸盐和亚硝酸盐	C	硝酸盐和亚硝酸盐可以提供一种直接的营养物测量方法，如果浓度足够高，这些营养物就会引发藻华
正磷酸盐	C	正磷酸盐可以提供一种直接的营养物测量方法，如果浓度足够高，这些营养物可以引发藻华
光合色素	C	光合色素可以提供水源水中藻类活性的直接指示
OWQM-SW 点位 3（河道取水口）		
碳氢化合物	A、B	碳氢化合物监测可以直接测定水源水中的碳氢化合物浓度
光谱吸光度	A、B、C	许多化学物质在 250～450 nm 的光谱范围内吸收。光谱吸光度的变化可以表明水源水中化学污染物浓度的增加
DOC/TOC	A、B、C	DOC/TOC 的增加可以表明受到有机化学品的污染
电导率	A、C	有些化学物质具有带电荷的官能团，这些官能团在溶于水时可以解离并形成离子。电导率的变化可以作为水源水中存在未知化学物质的指标
浊度	C	浊度的增加源于悬浮固体浓度的增加，这可以作为潜在微生物污染的一个指标
氨	C	氨可以提供一种直接的营养物测量方法，如果浓度足够高，这些营养物就能引发藻华

OWQM-SW 点位 3（河道取水口）		
监测参数	威胁 ID	参数选择的基本原理
硝酸盐和亚硝酸盐	C	硝酸盐和亚硝酸盐可以提供一种直接的营养物测量方法，如果浓度足够高，这些营养物就会引发藻华
正磷酸盐	C	正磷酸盐可以提供一种直接的营养物测量方法，如果浓度足够高，这些营养物可以引发藻华
光合色素	C	光合色素可以提供水源水中藻类活性的直接指示
OWQM-SW 点位 4（水库）		
光谱吸光度	D	许多有机化学品，包括杀虫剂，在 250～450 nm 的光谱范围内吸收。光谱吸光度的变化可以表明可能由燃油或货物泄漏引起的有机污染物浓度的增加
DOC/TOC	D	DOC/TOC 的增加表明受到了包括杀虫剂在内的有机化学品的污染
氨	E	氨可以提供一种直接的营养物测量方法，如果浓度足够高，这些营养物就能引发藻华
硝酸盐和亚硝酸盐	E	硝酸盐和亚硝酸盐可以提供一种直接的营养物测量方法，如果浓度足够高，这些营养物就会引发藻华
正磷酸盐	E	正磷酸盐可以提供一种直接的营养物测量方法，如果浓度足够高，这些营养物可以引发藻华
光合色素	E	光合色素可以提供水源水中藻类活性的直接指示

8.4 监测站设计

监测站的设计包括传感器技术的选择、采样方法、供电、通信解决方案以及监测站的集成包装。监测站的设计是依据之前步骤中选择的地点和参数，以及为 OWQM-SW 建立的性能目标而定的。设计监测站的一个关键方面是选择传感器技术来测量所选择的参数。《水质监测和响应系统比较准则》中展示了所选参数可选传感器技术的比较方法。这个比较方法考虑了每种方案的生命周期成本和能力。生命周期成本是一段时间内产生的资产成本、维护和更换成本，以便在相同的基础上进行技术比较。为了客观地评估每一个备选方案的能力，制定了如下评价标准：

①能够测量参数并提供可靠的数据。该准则包括对现有信息的和已安装传感器性能的评估。它还考虑了传感器能进行可靠测量参数值的范围。其他性能指标包括准度、精度、分辨率、测量频率、被污染可能性和干扰。

②当前系统的集成。特定技术与现有系统以及在当前的培训、质量保证、维护和采购计划中适应的程度。

③潜在的未来应用。该标准关注某项技术监测参数的能力，且该技术可用于下一阶段 OWQM-SW 的实施或其他水质监测应用项目。

项目组比较了每个监测站设计的采样、供电、通信和集成选项。与 OWQM-SW 1 号站点相比，OWQM-SW 2 号、3 号和 4 号站点的设计要复杂得多，因为设计目标选择的参数更多，且安装地点缺乏现成的基础设施（例如，OWQM-SW 2 号位于无法使用电网和有线通信的河岸上）。

表 8-5 列出了每个监测站的设计概要。概要包括每个站选择的参数，仪器仪表、采样、配电、通信和集成。为了方便采购、制造和维护，四个监测站都使用了一套通用的仪器。每个监测站内还安装了一台本地计算机，以管理传感器和监测站内设备的运行，并要求能让操作人员远程诊断光谱吸收仪。

表 8-5　Anytown Water OWQM-SW 监测站的最终设计

OWQM-SW 监测站单元	OWQM-SW 点位 1（混合设施）	OWQM-SW 点位 2（河岸）	OWQM-SW 点位 3（河道取水口）	OWQM-SW 点位 4（水库取水口）
仪器 • 参数	吸收光谱法 • DOC/TOC • 浊度 ISE（膜电极） • pH • 温度	吸收光谱法 • DOC/TOC • 浊度 • 氮 • 光谱吸光度 • 碳氢化合物 （膜电极） • pH • 温度 • 氨 比色法 • 正磷酸盐 荧光法 • 光合色素 电导池 • 电导率	吸收光谱法 • DOC/TOC • 浊度 • 氮 • 光谱吸光度 • 碳氢化合物 （膜电极） • pH • 温度 • 氨 比色法 • 正磷酸盐 荧光法 • 光合色素 传导单元 • 电导率	吸收光谱法 • DOC/TOC • 氮 • 光谱吸光度 （膜电极） • pH • 温度 • 氨 比色法 • 正磷酸盐 荧光法 • 光合色素

OWQM-SW 监测站单元	OWQM-SW 点位 1（混合设施）	OWQM-SW 点位 2（河岸）	OWQM-SW 点位 3（河道取水口）	OWQM-SW 点位 4（水库取水口）
采样	装有压力调节器的取样管将水从混合设施的流出管输送到监测站的流通池	水泵将水从河流输送到流通池，以及用于收集废水的排水管（其中包含来自比色计的试剂）	装有压力调节器的采样管，将水从取水设施的流出管输送到流通池，以及收集废水的排水管（其中包含来自比色计的试剂）	装有压力调节器的采样管，将水从取水设施的流出管输送到流通池，以及收集废水的排水管（其中包含来自比色计的试剂）
供配电	现有电网电力	太阳能发电	现有电网电力	现有电网电力
通信	光纤	无线	光纤	光纤
集成	墙壁装式	封闭式	封闭式	封闭式

8.5 信息管理与分析

Anytown Water 决定使用专用的 OWQM-SW 信息管理系统，而不是利用现有的 SCADA 系统。这一决定背后的关键驱动因素是 SCADA 数据库不能为光谱阵列数据提供适当的存储，这些数据将由四个监测站中的三个站点采集，如表 8-5 所示。这个专用系统使用 Postgre SQL 数据库提供存储和三个视图：第一个用于优化处理、第二个用于监测污染事件、第三个用于监测对长期水质的威胁。

对于优化处理流程的设计目标，视图显示了 TOC、浊度、pH 和温度数据的趋势图，以及它们相关的优化处理阈值。DOC/TOC、浊度、pH 和温度的阈值是通过分析一年的历史数据并总结这些参数的正常变化趋势来决定的。根据杯罐测试和全规模运行的经验来设置处理工艺，以达到在不同水源水质条件下仍能保证最佳处理效果。一旦超过阈值，OWQM-SW 信息管理系统就会发出警报，通知操作员可能需要调整处理流程设置，以保持最佳的处理效果。

为了监测污染事件，每一个监测站的本地计算机均装有异常监测系统（ADS），以实时分析监测站的水质数据，并在发现异常情况时发出警报。这些警报和传感器数据一起被发送到 OWQM-SW 信息管理系统的视图上，并在 Postgre SQL 数据库中存储。警报还会被发送给关键人员的移动通信设备上。

为了监测对长期水质的威胁，每季度从 Postgre SQL 数据库中提取 OWQM-SW

数据，并使用 OWQM-SW 信息管理系统提供的统计分析工具进行分析。每个季度都由一组在水质、水源管理和统计方面具有专业知识的水务公司人员专门开会审核数据。多种分析技术如表 6-1 所示，被用来调查数据的趋势和相关性。该分析是长期的，在数年内构建对长期变化和趋势的理解。

8.6　调查和响应程序

为了支持 OWQM-SW，Anytown Water 制定了两个程序：①OWQM-SW 警报调查和响应程序；②长期水质变化的调查和响应程序。

OWQM-SW 调查和响应程序能够支撑优化处理过程和污染事故的监测，包括以下内容：

①警报调查程序流程图，其中展示了确定最可能触发警报原因的步骤，并决定是否需要采取响应措施；

②警报调查检查清单，记录在警报调查过程中应检查的信息资源和应采取的措施；

③处理路线图，规定调整化学剂量和速率，以保持从预处理到消毒流程处于最佳性能；

④一个水源污染事件响应决策树，总结了在水源可能被污染的情况下实施各种响应措施的决策逻辑和标准；

⑤关键人员名单及其联系信息，以及他们在本程序内的职责说明。

《长期水质变化调查和应对程序》支持监测长期水质的威胁并制定缓解战略，其中包括以下内容：

①一个调查水源水质长期变化原因的框架准则，包括统计方法、可视化技术、分析方法和信息资源，用于了解监测点位及各参数的水质变化趋势；

②制定决策和战略计划的框架准则，以应对水源水质的重大变化，包括确定各种缓解战略的成本、可行性和有效性；

③关键人员名单及其联系信息，以及他们在本程序内的职责说明。

第9章　案例研究

世界各地的许多组织已经安装实施了 OWQM-SW 系统，以应对水源水质受到的威胁，如流域内的页岩油气钻探、有害藻华、泄漏或其他形式的水源污染。本章提供了现有 OWQM-SW 系统的案例研究，这些系统已经根据第 2 章中描述的三个设计目标建立。这些案例研究包含了个人以及流域规模的饮用水公司设计的 OWQM-SW 系统。

9.1　格林维尔水务

简要

设计目标：监测污染事件
监控位置：3 个
参数：pH、电导率、浊度

格林维尔水务水源监测系统是一个 OWQM-SW 项目。格林维尔水务在南卡罗来纳州北部从 Table Rock 水库、North Saluda 水库、Keowee 湖取水向近 50 万名客户供水。格林维尔 OWQM-SW 系统的设计目标是检测污染事件。

格林维尔所有水源的水质相对稳定，这简化了识别潜在污染事件的过程。为了实现对水源的实时监测，在水厂每个水源的取水口都安装了一个监测站。

OWQM-SW 数据通过无线电发送到格林维尔的控制室，数据被存储在那里，水务公司人员有权访问这些数据。这些数据每天都会在 SCADA 系统页面上进行审核。如图 9-1 所示，SCADA 页面显示的是其中一个监测站的数据。如果一个或多个参数值超过设定的阈值，SCADA 系统就会生成警报。然而，截至公布日期，在格林维尔的任何水源中都没有发现重大的水质事件。

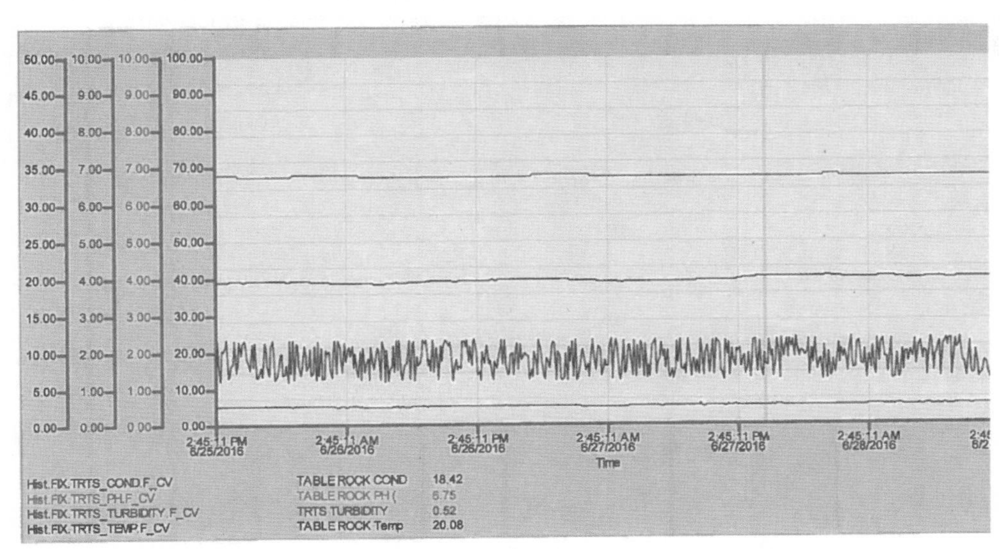

图 9-1 格林维尔水务 SCADA 系统 OWQM-SW 数据显示示例

9.2 柯林斯堡市水务

科罗拉多州柯林斯堡市水务公司处理来自 Cache la Poudre 河（Poudre 河）和马齿水库的水，用来向 161 000 人供水。柯林斯堡市的 OWQM-SW 系统设计目标是优化处理过程并检测污染事件。

Poudre 河水质波动较大是因为有许多不同的影响（如春季径流、洪水、火灾），这些可能会影响源水的使用。如表 9-1 所示，柯林斯堡的 OWQM-SW 系统包含五个监测站用于监测两个水源。监测的重点是因 2012 年野火造成水体浑浊的 Poudre 河。

简要

设计目标：优化处理过程和检测污染事件
监控点位：3 个远程点位，2 个在水厂内
参数：碱度、碳氢化合物、pH、电导率、温度、TOC、浊度、UV-254

表 9-1 柯林斯堡水务监测站

位置	参数	职责	启用
Poudre 河取水口上游 4 mi 处	• 电导率 • 浊度	污染事故的检测	只有 3 月、4 月到 11 月期间，因为其他时间河水太浅或结冰
Poudre 河在取水口上游附近	• 浊度	污染事故的检测	持续监测河水的浊度，即便入厂水流已经被关断
在 Poudre 河取水口和污水处理厂之间的管道中	• 碱度 • 碳氢化合物 • pH • 电导率 • 温度 • 浊度 • UV-254	优化处理工艺和污染事件的检测	只有 Poudre 河的取水口在使用时才上线
在处理厂内 Poudre 河的原始水	• 碱度 • pH • 电导率 • 温度 • TOC • 浊度	优化处理工艺和污染事件的检测	只有 Poudre 河取水口在使用时才上线。TOC 只在有春季径流时上线
在处理厂内马齿水库的原始水	• 碱度 • 碳氢化合物 • pH • 电导率 • 温度 • 浊度	优化处理工艺和污染事件的检测	只有马齿水库的取水口在使用时才上线

所有监测站都将数据传输到 SCADA 系统，在该系统中数据被存储且可被访问。警报是基于特定参数的阈值而定的。操作员通过查看 OWQM-SW 数据来响应警报，这些数据为处理流程提供决策依据。根据水源水质的变化，操作员有能力在必要时隔离或混合源水。

事件案例

2012 年，野火在该流域产生了大量灰烬，造成 Poudre 河浊度明显上升。河流取水口附近监测到高浊度并预警。因浊度超过阈值，Poudre 河将不能作为水源来源。

研究案例引用

① http://www.fcgov.com/utilities/what-we-do/water/water-quality/source-water-monitoring

② http://www.fcgov.com/utilities/what-we-do/water/water-quality/source-water-monitoring/upperpoudre-quality-monitoring

③ http://www.fcgov.com/utilities/img/site_specific/uploads/December_2015_Watershed_Newsletter_Template.pdf

④ http://www.fcgov.com/utilities/img/site_specific/uploads/2013HT_report_ final.pdf

9.3　克莱蒙特县水资源部门

克莱蒙特县水资源部门从哈沙湖、小迈阿密河谷含水层和俄亥俄河谷含水层取水，为俄亥俄州西南部超过 43 000 多名用户供水。其 OWQM-SW 的设计目标是检测污染事件和监测长期水质的威胁。哈沙湖历史上曾发生过有害藻华事件，通常发生在初夏。因为湖泊中形成藻毒素的风险很高且通过现有的水处理工艺难以去除，这迫使克莱蒙特县增设先进且昂贵的处理技术。为了控制消毒副产物 DBPs 的形成，安装了颗粒活性炭（GAC）过滤器，这有利于去除多种藻毒素，即控制多个 GAC 的承载率已成为处理藻毒素的重要手段。因此，该水务部门希望建立藻类群落构成、毒性和藻毒素浓度之间的经验关系，以便更好地监测和应对藻华及其毒素。为了实现这一目标，该公司与美国国家环境保护局的研究发展办公室建立了合作关系，将三个已存在的水质采样点改造为监测站，如表 9-2 所示。对一系列水质参数以不同频率进行采样，以补充监测站产生的数据。

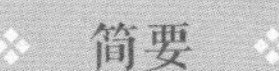

设计目标：检测污染事件，监测对长期水质威胁

参数：DO、ORP、pH、光合色素、电导率、光谱吸光度、温度、毒性、浊度

表 9-2　克莱蒙特县水资源部门监测站

位置	参数	职责
鲍勃·麦克尤恩水处理厂在哈沙湖表层取水口附近	• DO • ORP • pH • 光合色素 • 电导率 • 光谱吸光度 • 温度 • 毒性 • 浊度	检测污染事件，监测长期水质威胁
鲍勃·麦克尤恩水处理厂在哈沙湖的取水口	• DO • ORP • pH • 光合色素 • 电导率 • 光谱吸光度 • 温度 • TOC • 毒性 • 浊度	检测污染事件，监测长期水质威胁
哈沙湖上的浮动平台	• DO • ORP • pH • 光合色素 • 电导率 • 温度 • TOC • 浊度	检测污染事件，监测长期水质威胁

监测站产生的数据通过无线网络发送到中央工作站，所有数据都会进行可视化分析，使用趋势图来确定参数关系，并识别数据异常值和仪器故障。利用与仪器软件集成的 ADS 进行光谱吸光度和毒性数据分析。水厂工作人员可以通过中

央工作站或外部以"只读模式"访问 OWQM-SW 数据。该系统每周生成报告，其中包括质量保证 QA 指标供人员每周审核。

9.4　西弗吉尼亚美洲水务

西弗吉尼亚美洲水务公司（WVAW）在西弗吉尼亚从多个水源取水，为来自 300 个社区的 55 万名客户提供服务。WVAW 的 OWQM-SW 主要设计目标是为了优化处理过程和检测污染事件。

❖　简要　❖

设计目标：优化处理过程和检测污染事件
监控点位：8 个
参数：DO、DOC（通过 UV-254）、ORP、pH、电导率、温度和浊度

WVAW 已经建立了一个 OWQM-SW 系统并以高于 2014 年建立的州监管标准主动监测其水源。WVAW 的 8 个水处理厂都安装了监测站用于监测进水口的水质。

这些监测站连续自动监测以下参数：DO、DOC（通过 UV-254）、ORP、pH、电导率、温度和浊度。下面是其中一个监测站的照片（如图 9-2 所示）。

图 9-2　西弗吉尼亚美洲水务公司水质监测站

OWQM-SW 数据每两分钟被记录一次，然后通过光纤安全发送到一个服务器上，再将数据安全地传输到基于云的网络平台。拥有登录账号的人员可以使用安

全网络连接查看当前参数值、历史数据趋势图。图 9-3 展示了一个监测点位生成的数据趋势图。OWQM-SW 数据目前使用可视化和统计手段分析每个监测点位的基线水质。WVAW 正在安装一套 ADS 实时分析来自多个传感器的数据，并通过“罕见组合”比较基线数据后生成警报。

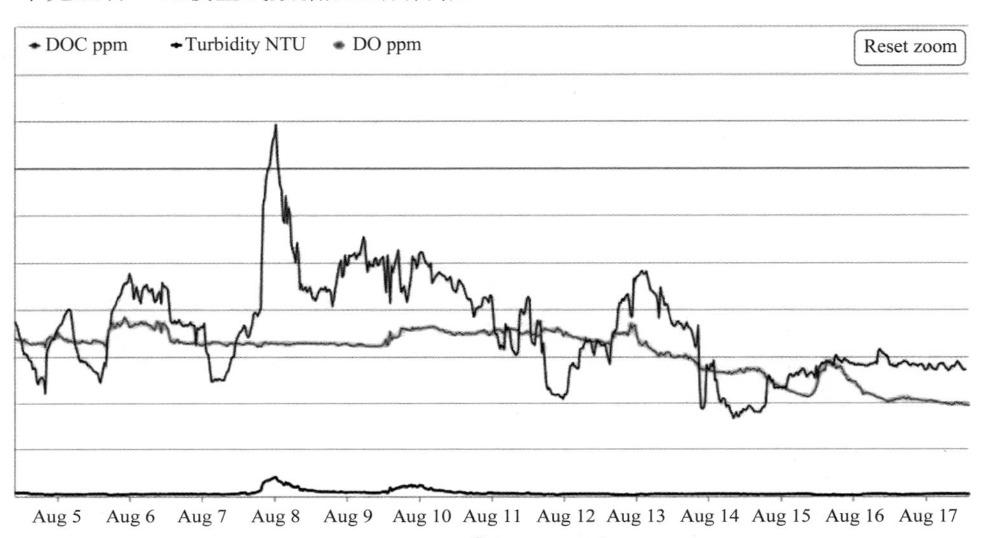

图 9-3 西弗吉尼亚美洲水务 OWQM-SW 数据的截图

研究案例引用

①http://www.amwater.com/wvaw/water-quality-and-stewardship/source-water protection/index.html

②在线连续水质监测数据质量管理，由 NEMC 发布，August 2016，http://www.nemc.us/meeting/2016/load_abstract.php?id=91

9.5 伯拉第斯拉瓦水务公司

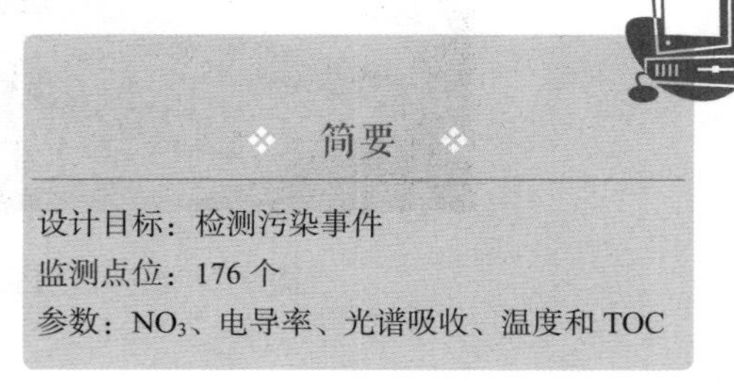

斯洛伐克的伯拉第斯拉瓦水务公司使用一个深层含水层作为其主要水源，供给人口超过 600 000 人。7 个中央饮用水处理设施从 176 口井中抽水，每日产量超过 1.44 亿加仑。唯一的处理是氯化以防止供水过程中的微生物再生。伯拉第斯拉瓦的 OWQM-SW 系统的设计目标是检测

污染事件。

在伯拉第斯拉瓦的 176 个地下水井中，大多数井内的水质一直都很好。然而，该公司担心杀虫剂、石油的水溶性成分和化学武器试剂可能会造成污染。因此，在每个水源都设置了监测站，对 NO_3、TOC、电导率、温度和光谱吸光度进行监测。图 9-4 展示了监测站的照片。

图 9-4　伯拉第斯拉瓦水务公司监测站

如图 9-5 所示，每个监测站都配备了一个 ADS，当检测到水质异常时，它会向工厂操作人员发送警报。收到警报后，作业人员就会关闭发现异常的水井。然后收集并分析水样，以确定是否发生污染，再决定是否重新接入水井。

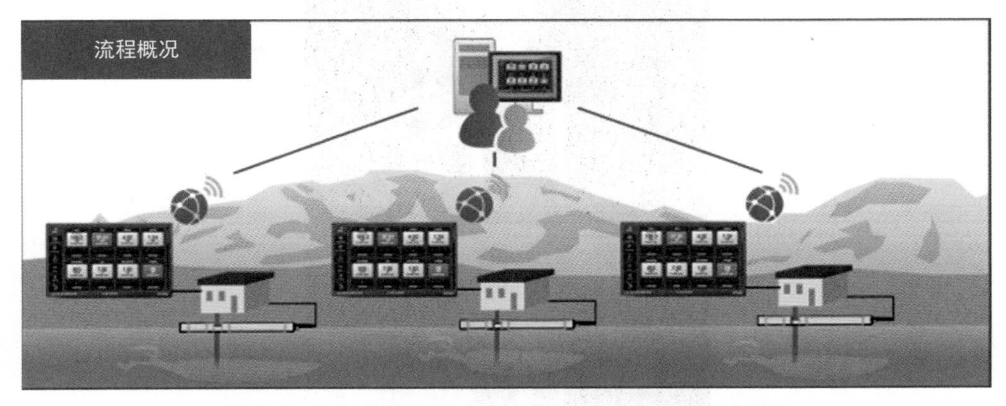

图 9-5　伯拉第斯拉瓦水务公司 OWQM-SW 警报通知

研究案例引用

①http://www.s-can.at/medialibrary/references/Reference_Bratislava_web.pdf

②http://www.s-can.at/medialibrary/pdf/bratislava_publication.pdf

③http://www.s-can.at/medialibrary/pdf/bratislava_poster.pdf

9.6 萨斯奎哈纳河流域委员会预警系统

萨斯奎哈纳河流域委员会（SRBC）预警系统是针对萨斯奎哈纳河下游的 OWQM-SW 项目，该地区为宾夕法尼亚州、纽约州和马里兰州供水。该系统为一个向 85 万人提供公共饮水的系统提供信息支持。由一个利益相关方小组指导 OWQM-SW 项目的实施，该小组包括参与其中的公共用水供应商、各环保部门的代表和应急响应机构。SRBC 系统的设计目标是优化处理过程和检测污染事件。

SRBC 有 55 个监测站，监测萨斯奎哈纳流域主要河流沿岸关键位置的 pH、温度和浊度。该系统作为污染事件的早期预警系统，包含监测石油和天然气工业设施下游水质的监测站。如图 9-6 所示。

设计目标：优化处理过程和检测污染事件

监控位置：55 个

参数：pH、温度和浊度

图 9-6 萨斯奎哈纳河流域委员会监测站

OWQM-SW 数据实时传输到水处理厂和 SRBC。由一个安全数据库和网站界面提供数据访问和应用工具，用于调查或响应污染事件。该网站界面提供了便捷的信息和工具访问，包括一个时间行程工具用来帮助估计污染物扩散，使下游的用户能够对水质的不利变化作出响应，专门用于监测石油和天然气设施的监测站每 5 分钟就会发布数据到一个公共网站上。

研究案例引用

①http://www.sourcewaterpa.org/?page_id=1806

②http://www.srbc.net/drinkingwater/

③http://www.srbc.net/pubinfo/docs/infosheets/SRB%20_Early_Warning_System_136411_1.pdf

④http://www.srbc.net/programs/docs/09SRBCEWS.pdf

9.7　河流警报信息网络

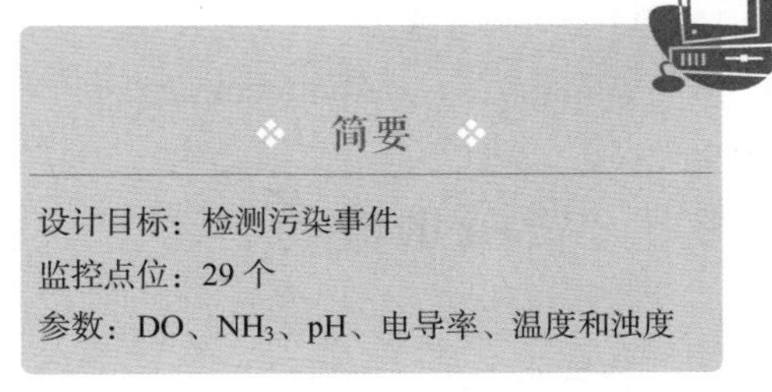

简要

设计目标：检测污染事件

监控点位：29 个

参数：DO、NH_3、pH、电导率、温度和浊度

河流警报信息网络（RAIN）是宾夕法尼亚州西部和西弗吉尼亚州北部的区域性 OWQM-SW 系统，致力于保护共享饮用水水资源。RAIN 是由 51 家自来水公司、宾夕法尼亚州环境保护部、西弗吉尼亚州卫生与人力资源部、宾夕法尼亚州加利福尼亚大学、卡内基梅隆大学以及匹兹堡大学合作的项目。RAIN OWQM-SW 的设计目标是检测污染事件。

RAIN 目前监测的是莫农加希拉河、阿勒格尼河和俄亥俄河的水质。河流沿线共设置了 29 个监测站，对 DO、NH_3、pH、电导率、温度、浊度等进行监测。RAIN 监测站的照片如图 9-7 所示。

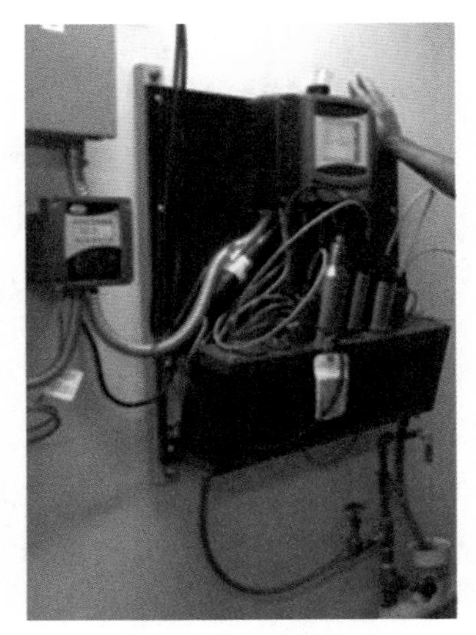

图 9-7　RAIN 监测站

OWQM-SW 数据从现场监测站传输到位于宾夕法尼亚州加利福尼亚大学的数据中心进行分析。最新数据会定期转发至位于匹兹堡的 RAIN 总部。如果一个或多个参数超出设定的阈值，将自动向受影响的饮用水处理厂发送通知。

OWQM-SW 数据也可通过美国地质调查局的 RAIN 网站向公众提供。

示例事件

2010 年，监测站检测到莫农加希拉河的溴化物浓度有所上升。虽然一直没有找到导致这一水平上升的来源，但人们怀疑这一水平的上升是由马塞勒斯页岩钻井或发电厂排放的废水引起的。2011 年，对沿河排放的一些污染物进行了人工控制，再加上显著增加的降雨量，使该河流的溴化物浓度降低，水质趋于稳定。

研究案例引用

①http://www.rainmatters.org/

② http://www.sourcewaterpa.org/wp-content/uploads/2013/04/Part-2-SWP-Coalitions-vs-DIY Gina-Cyprych-RAIN-3-9-13-Schuylkill-Watershed-Congress.pdf

③http://usgs.dailyinvention.com/rain.php

9.8 费城水务局

费城水务局（PWD）是位于宾夕法尼亚州费城的一家综合城市水务公司，为费城及其周边郊区的 160 万居民每天提供大约 2.5 亿加仑的高质量饮用水。PWD 在两条人口稠密且工业发达的河流上经营着三所常规饮用水处理厂，它有显著的特点。斯库尔基尔河有两个处理厂，它们保障了该市大约 40%的总需求，而位于感潮的特拉华河上最大的水厂则满足了供水需求的平衡。费城位于这两条河流的汇合处，是一个面积超过 1 万平方英里的流域。

在市界内的水源流域面积只占流域总面积的 1%不到，因此必须采用基于伙伴合作的方式来实现水源保护目标。

PWD 通过建立区域协调机制，实施水源保护措施，积极采取措施，成为水源保护行业和区域的领导者。认识到在线水质监测的许多优势，该公司已将 OWQM-SW 组件纳入其区域、地方和特定设施的系统中。本案例研究了两个 OWQM-SW 系统：特拉华河流域早期预警系统和费城水资源监测计划。

特拉华河流域预警系统

特拉华河流域预警系统（EWS）是一个私营的、网络水质事件通信系统。EWS 是设计用来监测饮用水供应安全的，它提供数据以及分析工具、帮助计划和响应潜在的水源污染事件。EWS 的技术组件（例如精密的通知系统、安全的数据库端口、便捷的网站完善的水质及流速监测网络）共同造就了先进独特的能力，使 EWS 成为地表水信息和监测系统的行业模范。

❖ 简要 ❖

设计目标：监测污染事件和长期水质的威胁
监测点位：88 个
参数：DO、pH、电导率、温度和浊度

该系统由 PWD 拥有和管理，尽管该系统覆盖了市界之外的一个地区。该系统的用户群由 50 个不同组织的 300 多名个人用户组成，这些组织包括水务公司、工业企业和宾夕法尼亚州、新泽西州和特拉华州政府机构的代表。EWS 技术和分析能够覆盖斯古吉尔河和特拉华河流域，但费城下游支流和纽约市供水系统则除外。

水质事故会通过电话热线或 EWS 网站报告，并会在几分钟内以电子邮件和电话通知所有用户。用户可以登录该安全网站查看更多的事件细节和补充信息，包括可以预测潮汐和非潮汐取水口泄漏轨迹和行程估计时间的交互式 ArcGIS 地图。除了提供用户界面外，该网站还通过提供以下服务来支持 OWQM-SW 系统的用户：

①安全的访问和分析信息的途径；

②用于选择正确事件响应的工具；

③事件报告交互界面；

④事件跟进的联系人清单；

⑤潮汐水域溢出事件的模拟轨迹动画。

监测站与预警系统网站和数据库端口完全整合。监测网络由饮用水取水口的 4 个监测站和特拉华河下游及其支流的 84 个美国地质调查局水监测站组成。监测站监测诸如溶解氧、流速、pH、电导率、温度和浊度等参数。这套系统的目的是让 EWS 的使用者通过系统的网页上自动生成的视图及方便用户使用的数据查询工具，便捷地追踪水质的变化及污染事件可能造成的影响。图 9-8 为 EWS 页面实时显示流速和浊度数据的示例。该图显示了斯古吉尔河和特拉华河主干河道上多个监测站过去 15 天的数据。

该系统的另一个目标是透过查询功能，让用户可查阅历史水质数据。实时数据和历史数据均可以通过在线图表查询，也可以下载后由 EWS 用户可以使用数据分析软件进一步分析。此外，实时数据和历史流速数据都可以用于对每个事件计算保守估计的时间行程。

PWD 支持正在使用的系统升级和拓展，以确保 EWS 仍然是最先进和最强大的系统，这将有助于保护该流域 300 多万人的饮用水供应。

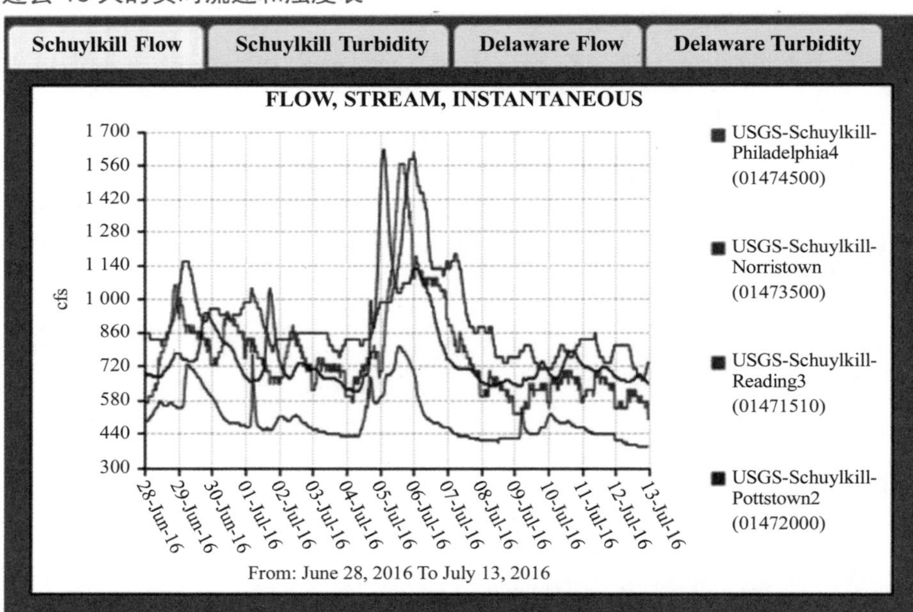

图 9-8　EWS 主页 OWQM-SW 数据可视化实例

案例事件

特拉华河谷 EWS 往期上报的重大污染事件包括：2004 年在感潮特拉华河发生的 27.5 万加仑原油泄漏事件；2005 年，1 亿加仑粉煤灰从一个工业潟湖泄漏进入特拉华河；2006 年，一家污水处理厂向斯古吉尔河的一条支流排放氰化物；2012 年，一列火车脱轨，向特拉华河的一条支流泄漏了 2.5 万加仑的氯乙烯。

费城水资源监测项目

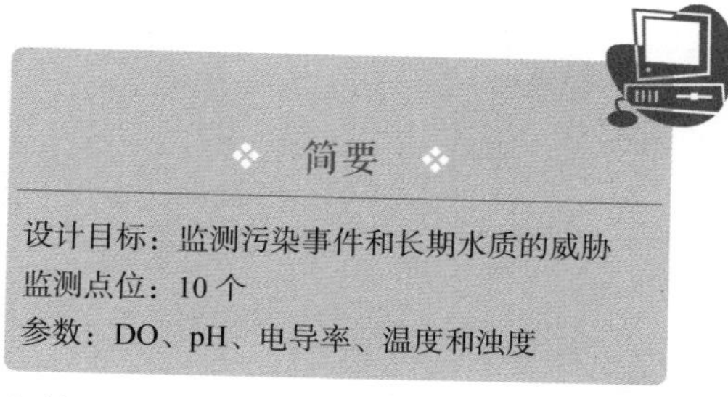

作为一个综合水务公司，PWD 使用在线水质监测支持《安全饮用水法》和《净水法》的目标。PWD 与 USGS 合作，在费城运行了一个范围广阔的监测网。

该系统的目标是探明城市的水体特征和未来水质变化。10 个地处重要河流位置并配备有 OWQM-SW 仪器的监测站被用来检测进出费城子流域的水质情况。

监测的水质参数包括 DO、pH、电导率、温度，在部分地点还有浊度。水文参数（如流速和水深）也会被测量。

OWQM-SW 数据会被自动上传到 USGS 计算机网络的数据库中，然后由网络服务器将数据传输到 USGS 国家水资源信息系统（NWIS）的网站上。另一个独立机构网站定期自动从 USGS NWIS 检索数据，并将结果以地理空间的方式显示在公众可访问的网站上。对每个站点的每个参数采用红、绿、黄颜色方案表示水质，分别为水质良好（绿色）、水质不理想（黄色）和水质不良（红色）。等级阈值是基于河流用途和水质标准而定。用户可以在地图上选择一个站点，查看最新的实时数据。

用户界面和可视化数据允许 PWD 人员同时监控空间和时间上的质量、数量变化趋势。这些信息用于评估水生态系统健康状况，评估水源水质，并为流域修复计划决策提供信息。此外，这些监测站是费城长期的汛期监测站，对每个监测站的数据还进行了额外的质量保证和数据分析。

研究案例引用

http://www.phila.gov/water/wu/Water%20Quality%20Reports/2015WaterQuality.pdf

资 料

介绍

水质监测和响应系统入门

本文件提供了水质监测和响应系统的概述，作为实施 SRS 的技术指南和产品应用的基础。EPA 817-B-15-002，May 2015.

https://www.epa.gov/sites/production/files/2015-06/documents/water_quality_sureveillance_and_response_system_primer.pdf

设计在线监测系统的框架

开发综合水质监测和响应系统指南

本文件提供了将系统工程原理应用于 SRS 的设计和实现的指南，以确保 SRS 作为一个整体发挥作用，并能有效地执行其预期的功能。第 2 章提供了关于项目管理和协调的指导。第 3 章提供了多组件 SRS 的总体规划的指导。EPA 817-B-15-006，October 2015.

https://www.epa.gov/sites/production/files/2015-12/documents/guidance_for_developing_integrated_wq_srss_110415.pdf

质量保证（ACRR）矩阵

为在线监测的常见水质参数的质量控制和记录保存提供指导的一系列表格。

http://www.watersensors.org/pdfs/ASW_QA_Matrix_web.pdf

J100 标准

J100 标准是由美国国家标准协会（ANSI）、美国机械工程师创新技术协会（ASME-ITI）和美国水利工程协会（AWWA）共同制定的。J100 为水务部门制定了危害风险和复原力分析的要求，确保了风险评估的一致性。J100 记录了评估危险地点人为威胁、自然危害、相关性和距离的七步流程。

http://www.awwa.org/store/productdetail.aspx?productid=21625

脆弱性自我评估工具

脆弱性自我评估工具（VSAT）是一种电子资源，旨在帮助各种规模的水和废水处理机构发现其面对人为和自然灾害的脆弱性，并评估潜在的改进措施，以增强其安全性和韧性。2015 年发布的 VSAT 6.0 版本与 J100 标准一致。

https://vsat.epa.gov/vsat/

州最高水源评估机构

州最高水源评估机构必须进行水源评估，包括已知和潜在的污染源清单。水源评估将提供公共供水系统所使用的饮用水水源的相关信息。它们由国家主要机构开发，目的是帮助地方政府、水务公司和其他机构保护饮用水水源。虽然评估方案是针对每个州的具体情况制定的，但一般都遵循以下三个步骤：

（1）划定水源保护区；（2）对潜在的污染源进行盘点；（3）评估供水系统面对污染的脆弱性。

联系你所在的州饮用水主要机构了解更多信息。

https://www.epa.gov/sourcewaterprotection/conducting-source-water-assessments

DWMAPS

这个基于 GIS 的工具是由美国国家环境保护局开发的，旨在帮助各州和水务公司更新其水源评估。它利用来自国家污染物排放消除系统（NPDES）等数据库的信息，提供多层次的空间参考数据，例如，有毒物质释放清单（TRI）、综合环境响应、赔偿和责任信息系统（CERCLIS）、资源保护和恢复法案信息（RCRAInfo）、《有毒物质控制法》（TSCA）。DWMAPS 还提供了对描述潜在水源威胁有用的元数据。一个安全版本的 DWMAPS 向饮用水公司和国家主要机构显示了饮用水取水口相较于水源威胁的位置。

https://www.epa.gov/sourcewaterprotection/dwmaps

对水源威胁进行风险评估的模板（Word 文件）

此 Word 模板可用于记录水源威胁的风险评估。包含了总结水源威胁和相关污染物属性的表格，风险评估参数的定义，以及记录风险评估结果的表格。2016 年 9 月。

比较水质监测和响应系统替代方案的框架

本文件提供了从一系列可行的替代方案中为水务公司选择最合适的 SRS 设计方案的指导。它指导用户通过一个客观的、逐步的分析对多个方案进行排序，并描述比较方案所需的信息类型。EPA 817-B-15-003，2015 年 6 月。

https://www.epa.gov/sites/production/files/2015-07/documents/framework_for_comparing_alternatives_for_water_quality_surveillance_and_response_systems.pdf

OWQM-SW 初步设计文档开发模板（Word 文件）

该 Word 模板可用于记录 OWQM-SW 系统的初步设计，包括 OWQM-SW 安装团队、设计目标、性能目标、水源威胁、OWQM-SW 位置、OWQM-SW 参数、初步信息管理需求、初步培训计划、预算和进度。2016 年 9 月。

监测点位

自动水质监测站指南和标准程序：监测站运行，结果计算和数据报告

指导设备和监测仪器的选择、在线水质监测设备在水环境中的放置、传感器检查和校准方法、数据评估、记录审查和数据报告等内容。

http://pubs.usgs.gov/tm/2006/tm1D3/pdf/TM 1D3.pdf

监测参数

可用的 OWQM 仪器清单

这张电子表格提供了可用的在线水质监测仪器的概况，这些仪器已被用于水源和供水系统的监测。仪器清单可以根据列标题中指定的项目进行筛选和排序。

https://www.epa.gov/waterqualitysurveillance/online-water-quality-monitoring-resources

供水系统水质监测：传感器技术评价方法和结果、传感器制造商和水厂指南

本文件介绍了几个研究案例的方法和结果，评估了在饮用水成品中常用水质参数检测出各种污染物的能力。EPA 600/R-09/076，2009 年 10 月。

http://www.epa.gov/sites/production/files/2015-06/documents/distribution_system_water_quality_monitoring_sensor_technology_evaluation_me thodology_results.pdf

监测站

在线水质监测站建设指南

本文件为水源和供水系统的水质监测站的设计提供了指导，描述了不同的监测站设计，并给出了详细的设计原理图，描述了监测站的基本设备和附件，并提供了对在线水质监测站制作和安装的考虑。EPA 817-B-18-002，2018 年 5 月。

https://www.epa.gov/sites/production/files/2018-05/documents/guidance_for_building_owqm_stations_05092018_0.pdf

设计用于水质监测和响应系统的通信系统指南

本文件提供指导和相关信息，帮助水务公司选择适当的通信系统，以支持水质监测和响应系统的运行。它提供了评估备选通信系统的标准，评估了与这些标准相关的通用技术，描述了建立通信系统需求的过程，并提供了选择和安装这些系统的指导。EPA 817-B-16-002，2016 年 9 月。

https://www.epa.gov/sites/production/files/2017-04/documents/srs_communications_guidance_081016.pdf

信息管理与分析

开发综合水质监测和响应系统的指南

本文件提供了将系统工程原理应用于 SRS 的设计和安装指南，以确保 SRS 作为一个整体发挥作用，并能有效地执行其预期的功能。第 4 章提供了关于开发信息管理系统需求、选择信息管理系统和 IT 总体规划的指导。附录 B 提供了 IT 操作和维护计划的示例大纲。EPA 817-B-15-006，2015 年 10 月。

https://www.epa.gov/sites/production/files/2015-12/documents/guidance_for_developing_integrated_wq_srss_110415.pdf

数据趋势图的探索性分析，为实时在线水质监测做准备

本文件描述了分析水质数据趋势图的方法，以建立特定监测点位的水质的正常变化趋势。它还描述了如何利用这种探索性分析的结果来开发工具和培训水务人员，以便对在线水质数据进行实时分析。EPA 817-B-16-004，2016 年 11 月。

https://www.epa.gov/waterqualitysurveillance/online-water-quality-monitoring-resources

水质事件检测系统的挑战：方法和发现

本文件描述了一项研究的方法和发现，该研究旨在评估 5 种异常检测系统，用于分析成品水的在线水质数据。EPA 817-R-13-002，2013 年 4 月。

https://www.epa.gov/sites/production/files/2015-07/documents/water_quality_event_detection_system_challenge_methodology_and_findings.pdf

水质监测和响应系统仪表盘设计指南

本文件介绍了可以被整合进 SRS 仪表盘中的有用特性和相关功能的信息。它还提供了一种系统性方法，可由水务管理人员和 IT 人员建立仪表盘的需求。EPA 817-b-15-007，2015 年 11 月。

https://www.epa.gov/sites/production/files/2015-12/documents/srs_dashboard_guidance_112015.pdf

水资源统计方法

本文件提供了一个全面且详细的，可用于分析水质数据的统计技术的介绍。它对于评价水源水质的相关性和长期趋势特别有用。

Helsel，D. R. and Hirsch，R. M《美国地质调查局水资源调查技术》，第 4 卷，水文分析和解释。

http://water.usgs.gov/pubs/twri/twri4 a3/

信息管理需求开发工具

该工具旨在帮助用户开发 SRS 信息管理系统的需求，从而为他们选择和实现信息管理解决方案做好准备。具体来说，该工具：（1）帮助 SRS 组件团队开发组件功能需求；（2）帮助 IT 人员开发技术需求；（3）允许 IT 设计团队有效地统一和审查所有需求。EPA 817-B-15-004，2015 年 10 月。

http://www.epa.gov/waterqualitysurveillance/surveillance-and-response-system-resources

调查及响应程序

OWQM-SW 调查和响应程序开发模板（Word 文件）

该 Word 模板可用于开发调查和响应程序，包括 OWQM-SW 警报调查程序、优化处理过程程序和水源污染事件响应程序。该模板包括可编辑的工艺流程图与支持表格和可编辑的调查清单。2016 年 9 月。

开发综合水质监测和响应系统指南

本文件提供了将系统工程原理应用于 SRS 的设计并实现的指南，以确保 SRS 作为一个整体发挥作用，并能有效地完成其预期的功能。第 5 章提供了关于制定警报调查程序的指南，并包括警报调查工具的示例，例如警报调查记录和快速参考指南。第 6 章提供了关于开发支持 SRS 操作的培训和练习计划的指导。EPA 817-B-15-006，2015 年 10 月。

https://www.epa.gov/sites/production/files/2015-12/documents/guidance_for_developing_integrated_wq_srss_110415.pdf

实验室应对饮用水污染能力建设指南

本文件提供指导，协助饮用水公司建立应对水污染事件的实验室能力，包括那些发生在水源中的事件。列出了受关注的污染物类别，以及分析方法，并提供了关于国家实验室网络在应对饮用水污染事件方面的职责信息。EPA 817-R-13-001，2013 年 3 月。

https://www.epa.gov/sites/production/files/2015-06/documents/guidance_for_building_laboratory_capabilities_to_respond_to_drinking_ water_contamination.pdf

有害藻华

本文件提供了用于了解、预防和管理地表水有害藻华的信息和大量资料。所涉及的议题包括起因和预防、检测、健康和生态影响、控制和处理、指导和建议以及国家资源清单。

https://www.epa.gov/nutrient-policy-data/cyanobacterial-harmful-algal-blooms-water

水体污染物信息工具

本数据库提供了超过 800 个饮用水和废水污染物的信息，包括病原体、杀虫剂和有毒的工业化学品。在风险评估时，它可以作为一种有用的资料，用于研究与水源威胁相关的污染物特性。在处理水源污染事件时，一旦已知污染物，它将成为一种有价值的资源。请注意，用户必须向 EPA 注册才能访问该数据库。EPA 817-F-15-026，2015 年 11 月。

https://www.epa.gov/waterlabnetwork/access-water-contaminant-information-tool

可处理性数据库

本数据库提供了饮用水污染物控制的参考信息。它允许用户访问从一个数据库中收集的数千条文献信息。当计划对水源污染事件作出响应时，它可以作为一种有用的资源来研究污染物的可处理性。

https://iaspub.epa.gov/tdb/pages/general/home.do

饮用水污染事件应对指南

本指南提供了一个可编辑的模板，用于建立水厂的供水系统污染响应过程。本指南的内容包括调查可能发生的供水系统污染事件、描述场地特征、实施响应措施、发布公共通知以及规划修复和恢复。附带的指南可以帮助用户完善模板，以便水厂因地制宜调整计划。EPA 817-B-18-005，2018 年 10 月。

https://www.epa.gov/sites/production/files/2018-12/documents/responding_to_dw_contamination_incidents.pdf

制订饮用水污染事件的风险沟通计划

本计划指导制订有效的风险沟通计划来通知污染事件响应伙伴和公众。EPA 817-F-13-003，2013 年 4 月。

https://www.epa.gov/sites/production/files/2015-07/documents/developing_risk_communication_plans_for_drinking_water_contamination_incidents.pdf

能应对气候变化的水务设施

美国国家环境保护局的这项计划通过促进对气候科学和适应战略的清晰理解，为水务部门提供适应气候变化所需的实用工具、培训和技术援助。该项目提供的一个工具是气候适应性评价和感知工具（CREAT）。这是一个风险评估工具，允许水务公司评估气候变化在不同时期和情景下的潜在影响。CREAT 补充了其他工具和资源，包括水文和水质模型。

https://www.epa.gov/crwu

水源保护

美国国家环境保护局对这项计划提供指导，各种工具和资源，以支持水源保护活动。

https://www.epa.gov/sourcewaterprotection

水源合作组织

水源合作组织（SWC）是一个由 26 个全国性组织以及州和地方合作伙伴组成的组织，使命是促进饮用水水资源的保护。SWC 有一个网站，提供许多工具和资源，以支持水源保护。

http://sourcewatercollaborative.org/

水质 SRS 练习工具箱

练习工具箱帮助水务公司和响应合作伙伴机构设计、开展和评估围绕污染情景的演习。这些演习可用于制定、改进调查和响应程序，并培训人员如何正确执行这些程序。该工具箱在过程中指导用户建立拟真场景、设计讨论实操的演习以及创建演习记录。2016 年 3 月。

https://www.epa.gov/waterqualitysurveillance/water-quality-surveillance-and-response-system exercise-development-toolbox

参考文献

McEwen，1998. Treatment process selection for particle removal. Denver，CO：AWWA/International Water Supply Association.

Umberg，K.， and Allgeier，S.，2016. Parameter set points：an effective solution for real-time data analysis. JAWWA，108，E60-E66.

术语表

高级计量基础设施（AMI）：测量、收集和分析用水量的系统，并根据要求或时间表与水表进行通信。这些系统包括用于数据访问、可视化和分析的硬件、软件和通信。一个 AMI 系统可能包括消费者使用的视图、客户关联系统、仪表数据管理软件和供应商业务系统。仪表可能与压力监视器、温度传感器、其他设备、外部数据流（天气）连接，并对干扰和回流事件发出警报。

准确性：测量值代表真实值的程度。

警报：来自 SRS 监视组件的提示，表示在该组件监视的数据流中检测到异常。警报可以是可视警报或声言警报，并且可以自动启动通知，如寻呼机、文本或电子邮件消息。

警报调查过程：指导 SRS 警报调查的文档化过程。是一个标准的程序，定义了警报调查的角色和职责，包括一个调查流程图，并提供一个或多个检查列表，以指导调查人员履行该过程中的职责。

异常：在被监视的数据流中，数据偏离已建立的基线情况。SRS 监视组件检测到异常时会生成警报。

异常检测系统（ADS）：用于检测偏离既定基线的数据分析工具。ADS 可以采取多种形式，从阈值到复杂的计算机算法。

架构：系统的基本组织，体现在其组件中，组件之间的关系、与环境的关系以及指导系统设计和发展的原则。信息管理系统的体系架构被定义为三个层次：源数据系统、分析和展示。

基线：正常系统条件下观察到的数值。

完整性：具有足够质量以支持其预期用途的数据比例。

组件：SRS 的主要功能领域之一，有五个监测组件：在线水质监测、物理安全监控、高级计量设施、客户投诉监测和公共卫生监测；有两个响应组件：水污染响应和采样分析。

后果：水务公司或其客户所经历的事件造成的不利影响（如基础设施损坏或疾病）。在水源风险评估的背景下，当水源威胁造成污染或降低了水源的质量时，会产生后果。在风险评估中，后果的值可由诸如经济损失、服务中断时长、疾病数量或死亡人数等定量指标决定。后果值也可以基于半定量度量并规范化分布，这样，最严重水源威胁的后果值为100，而所有其他水源威胁的值都将小于100。

污染事件：饮用水供水系统中存在的污染物（微生物、化学物质、废物或污水）有可能对水厂或其所服务的社区造成危害。污染事件可能是由自然原因（例如，水源藻类暴发产生的毒素）、意外原因（例如，通过意外交叉连接引入的化学品）或人为故意原因（例如，有意将污染物注入消防栓）引起的。

控制中心：是一种水务设施，包括监视和控制处理厂和系统运行的操作人员，以及其他负有监视或控制职责的人员。控制中心经常收到与运行、水质、安全以及一些 SRS 监视组件相关的系统警报。

控制点：可以对处理过程进行更改（如添加预处理化学品）或采取响应措施（如关闭进水口）的地点。

临界监测点：饮用水进水口上游的位置，从这里到进水口的水力行程时间等于执行响应动作所需的时间，例如关闭进水口。临界监测点的位置是由水力行程时间和流速决定的。

客户投诉监察（CCS）：是 SRS 的一种监视组件。CCS 通过电话或工作管理系统中监测水质投诉数据，并识别可能表明污染事件的异常高频次或地点集中的投诉。

仪表盘：是一个视觉导向的用户界面，集成了来自多个 SRS 组件的数据，提供供水系统水质的整体视图。在仪表盘上综合显示信息，可以更有效地管理水质，及时调查水质异常情况。

数据分析：分析数据的过程，以支持日常系统运行，快速识别水质异常，并生成警报通知。

数据质量的目标：定性和定量的陈述，阐明研究目标，定义适当的数据类型，并规定可容忍的潜在决策错误的水平，将作为建立支持决策所需数据的质量和数量的基础。

设计目标：通过部署 SRS 及其各个组件应实现的特定效果。对于水源水监测，有以下三个设计目标：优化处理工艺、检测污染事件、监测长期水质威胁。

供水系统污染响应程序：是一个决策框架，该框架明确了人员角色和相应职责，并在确定供水系统受到污染后指导调查和响应措施。

应急预案（ERP）：是一种记录下来的计划，对饮用水公司应对各种紧急情况（如污染事件、自然灾害或恐怖主义行为）所采取的行动进行描述。

功能性需求：是一种信息管理需求，决定终端用户可见的信息管理系统的关键特性和属性。功能性需求包括访问数据的方式、可以通过用户界面生成的表格和图表的类型、发送警报给调查人员的方式，以及生成自定义报告的能力。

地理信息系统（GIS）：用于存储、管理和显示地理相关信息的硬件和软件。水务公司常用的信息层包括水务基础设施、消防栓、服务线路、街道和水力区。地理信息系统也可以用来显示由 SRS 生成的信息。

信息管理系统：收集、存储、访问和可视化信息的系统流程。在 SRS 中的信息包括 SRS 监测组件生成的原始数据、组件生成的警报、用于支持数据分析或警报调查的辅助信息、警报调查期间输入的详细信息，以及水污染响应活动的文档。

无效的警报：来自 SRS 监测组件的警报，原因却不是水质事件或公共卫生事件。

生命周期成本：一个系统、部件或资产在其使用寿命内的总成本。生命周期成本包括安装成本、操作维护成本和更新成本。

可能性：在水源风险评估的背景下，水源威胁将污染源水的概率。风险评估方程中的可能性值可以从 0（不会发生污染）到 1（肯定会发生污染）。

监测点位：水源或流域中由 OWQM-SW 监测站取样进行测量的特定位置。请注意，OWQM-SW 监测站可以安装在 OWQM-SW 监测点位以外的地方（即水样从水体通过管道输送至 OWQM-SW 监测站）。

监测站：一个或多个水质仪器和相关辅助系统的配置，如安装在 OWQM-SW 位置帮助实时监测水质的管道、电力和通信系统。

在线水质监测（OWQM）：SRS 的一种监测组件。OWQM 使用从监测站收集的数据，这些监测站安装在水厂的水源和/或供水系统的战略位置。监测站的数据被传送到一个中心位置，分析水质异常情况。

百分位：在统计学中，一个数值在一组数中，等于或低于该值的分布百分比。

性能目标：衡量 SRS 或其组件满足既定设计目标的程度的指标。

物理安全监控（PSM）：SRS 的一种监视组件。PSM 包括用于检测和响应易受污染影响的供水系统设施安全漏洞的设备和程序。

可能的：如果对污染的指标进行调查后不能排除发生了污染，则认为可能存在污染。可能污染是响应方案工具箱中显示的最低/第一级可信水平。

试运行：SRS 组件试运行期间，所有设备和 IT 系统都将运行，但数据分析和调查无需立刻开展。试运行目的是评估 SRS 组件的性能，发现问题，让人员熟悉 SRS 组件程序。

实时的：是一种运行模式，在足够的时间内获得反映系统状态的数据用于对被监控系统进行分析、评估、控制和决策部署。

风险评估：是一种基于可能性、脆弱性和后果为威胁分配风险值的方法。目前水务行业的标准风险方法是 J100 标准。

风险沟通计划：是一项由水务机构制订的计划，用于在紧急情况下指导与公众的沟通以及与响应伙伴和媒体的协调。

采样与分析（S&A）：SRS 的响应组件之一。采样与分析在水污染响应期间激活，通过现场和实验室对水样的分析，帮助确认或排除可能的水污染。除实验室分析外，采样与分析还包括与场地特征描述相关的所有活动。如果污染被确认，采样与分析将继续在整个修复和恢复过程中发挥作用。

源水：自然资源中的水，通常经过处理后为社区提供饮用水。水源通常分为地下水（取自含水层）和地表水（取自河流、小溪、湖泊、池塘等）。地表水在被抽取用于生产饮用水之前，可能有其他用途，如娱乐（如划船、游泳、钓鱼）、水产养殖和航道运输。

水源威胁（SW 威胁）：有可能使水源水质恶化的设施、土地利用、天气事件或环境状况。

光谱指纹：一个样品在一定波长范围内（通常是在可见光和紫外光谱中）的光谱吸收度。光谱指纹可以用于特定化合物或复杂混合物的测量，也可以作为一种方法识别特定化合物的存在或复杂混合物特征的变化。

技术要求：是一种信息管理需求类型，它定义了系统属性和设计特性，这些特性通常对最终用户来说并不明显，但对满足功能需求或其他设计约束是必不可少的。示例包括诸如系统可用性、信息安全和隐私、备份和恢复、数据存储需求以及系统间集成需求等属性。

阈值：将当前数据与一组数据流进行比较，最小和/或最大的可接受值，用来确定状况是否正常。

处理过程模型：饮用水处理流程的操作和执行的概念图。该模型通常用来描述进水水质、处理过程设置和出水水质之间的关系。处理过程模型可以分为机械的、统计的或基于知识的。

处理路线图：根据进水水质数据、过程监测反馈或过程出水水质数据的信息，调整处理过程以实现处理目标的一套指令。

有效的警报：由于水污染、经核实的水质事件、水务设施入侵或公共卫生事件而发出的警报。

脆弱性：在水源风险评估的背景下，水务设施或其客户将受到水源威胁的可能性。风险评估方程中脆弱性的值可以从 0（不会发生不利影响）到 1（肯定会发生不利影响）。脆弱性值通常基于水厂能否有效响应水源威胁、防止或减轻对水厂基础设施、运行和客户的不良后果的能力。

水质仪器：是一种包括一个或多个传感器、电子设备、内部管道、显示器和软件的装置，它对水质进行测量并生成可以传输、存储和展示的数据。一些仪器还包含了诊断工具。

水质传感器：水质仪器对样品中的水质参数进行物理测量的部件。

水污染响应（WCR）：SRS 的响应组件之一。用于设计应对可能发生的饮用水污染事件，以最大限度地缩短响应和恢复时间，最大限度地减少对水厂和公众的不良影响。

水质监测和响应系统（SRS）：一种采用一个或多个监测组件来实时监测和管理水源水和供水系统水质的系统。SRS 利用多种数据分析技术来检测水质异常并产生警报。程序指导对警报的调查和对可能影响运行、公共卫生或水厂基础设施的真实水质事件进行响应。